HOW TO BUILD A UNIVERSE

FROM THE BIG BANG TO THE END OF THE UNIVERSE

从大爆炸到大终结

你知道怎样才能构建一个浩瀚的宇宙吗

本·吉利兰　著

卡瑟尔　图注

萧耐园　译

湖南科学技术出版社

图书在版编目（CIP）数据

从大爆炸到大终结 / (英) 本·吉利兰著；萧耐园译. — 长沙: 湖南科学技术出版社, 2017.9
（第一推动丛书：插图本）
ISBN 978-7-5357-9300-3

Ⅰ.①从… Ⅱ.①本… ②萧… Ⅲ.①宇宙学 - 普及读物 Ⅳ.①P159-49

中国版本图书馆CIP数据核字(2017)第124264号

An Hachette UK Company

www.hachette.co.uk

First published in Great Britain in 2015 by Philip's,a division of Octopus Publishing Group Ltd

Copyright © Octopus Publishing Group Ltd 2015

湖南科学技术出版社获得中文简体版中国内地独家出版发行权。

著作权合同登记号：18-2015-171

CONG DABAOZHA DAO DAZHONGJIE

从大爆炸到大终结

著　　者：[英]本·吉利兰
译　　者：萧耐园
责任编辑：吴 炜 戴 涛 杨 波
责任美编：殷 健
出版发行：湖南科学技术出版社
社　　址：长沙市湘雅路276号
　　　　　http://www.hnstp.com
湖南科学技术出版社天猫旗舰店网址：
　　　　　http://hnkjcbs.tmall.com
邮购联系：本社直销科 0731-84375808
印　　刷：深圳市汇亿丰印刷科技有限公司
　　　　　（印装质量问题请直接与本厂联系）
厂　　址：深圳市龙华新区观澜街道观光路1219号
邮　　编：518110
版　　次：2017年9月第1版第1次
开　　本：710mm×970mm 1/16
印　　张：14
书　　号：978-7-5357-9300-3
定　　价：68.00元
（版权所有·翻印必究）

目　录

引 言

你本身的奇迹
··

　　当人类首次考量自己的生存状态时，他面对的是一个环境恶劣的世界。早期人类以游猎方式按小型部族群居，无从把握自己的命运，所以他们设想自己的命运掌握在诸神手中。不管怎么说，把希望寄托于神迹，对于短暂而艰难的生涯来说，总比徒然悲叹要强。后来科学逐渐萌兴，通过搜集证据和验证想法，发现了支配宇宙的自然规律和机制。只要正确地运用雄辩的思想、证据和实验，即使奇迹也能解释。随着科学破除了迷信的神迹，它揭示了一切奇迹中最大的一个——你本身的奇迹。

　　你的旅行开始于约 138 亿年前时空存在之前的那个时候，时间就从那时开始。在一无所有的某个地方，即将开始的宇宙中可能存在的一切都挤压在一个比最小的粒子还小的所在。后来（原因尚不明白）所有这潜在的一切都在一次势不可挡的"大爆炸"中释放出来了，宇宙由此诞生。起初的宇宙是超高温的等离子体，就像一锅沸腾不已的热汤，逐渐膨胀并冷却，随着这一进程，从这锅汤里首批粒子结合生成。所有这些粒子以物质和反物质的两种类型产生。如果说物质和反物质是等量地产生的，那么在后来确实发生的两者互相湮灭的连锁反应中，宇宙本来会消失殆尽。可是由于我们尚不知道的原因，物质的数量稍稍多于反物质，于是宇宙（连同潜在的你）便得以存在至今。

　　不过你的存在还不是一个唾手可得的结论。随着宇宙的膨胀，物质向四周扩散。要是物质分布得十分均匀（就像把水倒进一个水桶），那么它将永远保持那样的状态。幸好膨胀的宇宙并非绝对均匀，在局部区域物质稍微密集些，引力便大行其道。越来越多的物质被吸引在一起形成了气态星云，星云坍缩产生了足够高的热量和压力，触发了核聚变反应，使首批恒星闪耀光芒，而且把原子压缩在一起产生了多种重化学元素，而你正是由它们构成的。

　　如果所有这些化学物质都封闭在恒星内部，那也没有用处。幸运的是这些早期恒星质量真大，而大质量恒星则是短命的，所以当恒星在炼成这些重元素后，作为超新星而爆发——把这些可再生的种子洒向宇宙的四面八方。如果物理定律稍微有些不同，这些恒星的质量就不会那么大，大到足以"蓬勃"爆发，那么构成你身体的化学元素只炼到一半，而且只能永远锁藏在一个个冷却的碳团里（指白矮星——译注）。几十亿年以后，经过几轮核聚变反应的循环，星系形成了，宇宙还存在着，称为银河系的一个星系将要见证随后的奇迹。

大约在45亿年以前，在一颗不起眼的恒星周围，有一颗行星从尘埃和冰块盘旋着的星周盘里凝聚而成。它有些不忍卒睹——只是一个有金属沉积、被烧焦的炽热熔岩球——但是它毕竟已经形成，而且与恒星的距离几近完美。它离得不太近，避免成为热不可耐的火炉，也离得不太远，不致成为大而无当的冰块。正是在这颗行星上生命应运而生，这看似代表了最佳的机遇，而且似乎造就了一个很大的奇迹。

真正的奇迹来自于一个火星大小的行星状天体，它猛撞我们的幼年行星，把很大一团岩态物质抛向太空。这就形成了月球。生成月球的这次撞击也让地球自转轴歪向一侧，这就意味着太阳的能量不致于集中投射到单一区域，而且月球的引力也阻断了地球绕轴的无序晃动，这使得地球的气候稳定，阻止了气候的剧烈动荡（而这可能灭绝生命）。月球的诞生使地球成为生命的理想摇篮，但还不止于此，月球的引力推动着地球的海洋，潮汐日复一日地冲刷着今日大陆的海岸线。可能正是这种潮汐作用反复而有序地出露又淹没海滩，才是促使生命进化的首要原因。

对你来说这是最后的奇迹……这些首批单细胞的生命体，不论是什么机制导致它们演化，我们的祖先总来自它们之中。当你今天坐在这里读着这本书的时候，你和这些微小的浮游生物之间曾经存在一条连绵不断的纽带。38亿年以来，咱们祖先中的每一代都长时间地生存过，足以把它们的遗传因子留传给下一代。这是多么不可思议，经过近40亿年来的物种灭绝、弱肉强食、疾病流行、社会剧变、战争杀戮和饥荒肆虐，一条连绵不断的生命之链通向于你。

这就是我所称的奇迹。

在这本书里我们将描绘能量怎样成为物质，一系列物理定律如何导致物质相互作用，产生了恒星、星系和你。我们还将描述一些科学发现和突破，它们帮助我们理解宇宙是怎样形成的。

第 1 章

我们怎样发现大爆炸

（也学会了怎样测量宇宙）

在本章中我们将描述一系列事件，它们使我们相信宇宙有一个"诞生"的起点，并由此不断生长，还使我们放弃了宇宙静止和永恒的观点。

关于宇宙诞生的见解，无论是从一次"大爆炸"还是别的原因，都是比较新的概念。事实上，即使"大爆炸"这个词，是有人不相信这个学说而认为是杜撰出来的揶揄之语。可是今天，"大爆炸"论是科学界最成功的学说之一，那么怎么才走到这步的呢？

从古希腊人时代到科学革命的近 2000 年里，人们认为宇宙里的万事万物都套在一系列的天球层里，地球也包括在其中，且居于中心，其他天体环绕着它旋转。这些天球层就构成了太阳系，也被看成整个宇宙。

从 16 世纪到 17 世纪，科学有了些许进步，像天文学家尼古拉·哥白尼这样的学者和意大利著名的博学者伽利莱·伽利略等人，通过推理并运用数学和观测手段证明了地球和其他行星都环绕太阳运行。

当时一项划时代的革新是望远镜的发明。起初的望远镜很小，只不过是满足好奇心的玩具。1609 年伽利莱·伽利略和不那么著名的英国博学者托马斯·哈里奥特（他在伽利略的著名观测之前 4 个月用自己的望远镜绘制了月面图，据说他把土豆引进英格兰）把望远镜应用到天文学上。

望远镜有助于放大观测对象，我们可以借以观测宇宙。伽利略观测到了那条在夜晚横贯天空、十分奇特的白茫茫条带，发现它由无数星星组成 —— 于是宇宙的尺度大到足以包含银河系。

太阳系以外

望远镜开始用来寻找我们的银河系之外的天体，那是在用于考察行星、卫星和

大爆炸　粒子形成　宇宙微波背景（CMB）　黑暗时期（第一批暗物质结构）第一批恒星和活动星系

138.2 亿年之前　　　　大爆炸之后 377 000 年　　　　　　　　　　2 亿年

星光，恒星（实在、实在）明亮

星系和恒星的红移（参阅第 14 页）是宇宙从其出生那点膨胀的明显证据，不过要是你没有装备一架昂贵的望远镜，你又怎么能舒坦地坐在后院里得到这个结论呢？

幸好有一个简易的方法去探明宇宙不可能是无限又恒定不变的 —— 只要在一个无云的夜晚去仰望天空（除非你生活在灯光泛滥的大城市里），你将看到一个点缀着点点繁星而黑暗无涯的天空。但是如果宇宙是无限又恒定的，那么所有的恒星……

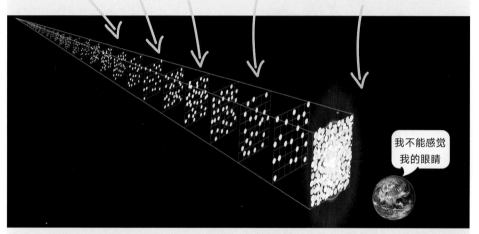

…… 从这里 ……　这里 ……　这里 ……　和这里 ……　…… 将是从这里看见的，而夜空将像太阳一样明亮

我不能感觉我的眼睛

如果宇宙是无限又恒定不变的，那么它将包含无限多颗恒星，它们都能在地球上看到。

在一个年龄无限长的宇宙里，即使来自最远距离的星光也有无穷无尽的时间到达我们这里，如果宇宙是恒定的，来自这些恒星的光到达时毫无改变（不会有谱线位移）。所以，在一个无限的宇宙里，一颗恒星会在任何地方可见，而夜空将像太阳一样明亮。既然大家更愿意相信在夜晚晒不黑皮肤，这就十分清楚地说明宇宙一定在膨胀。

彗星之后的几十年。18 世纪下半叶，法国人沙尔勒·梅西耶竭尽全力去发现新彗星（他毕生发现了 13 颗彗星），时不时地在天空偶然看到一个个模糊的天体，起初他曾

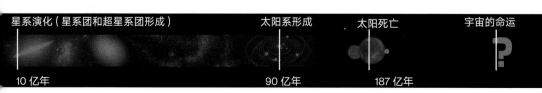

星系演化（星系团和超星系团形成）　　　　　太阳系形成　　　太阳死亡　　　　宇宙的命运

10 亿年　　　　　　　　　　　　　　90 亿年　　　　187 亿年

把它们误认为彗星。为了避免这种误判，梅西耶编制了一本这类奇怪的云雾状发光体的星表。在他逝世之前，他已经测绘了 103 个这种白色雾蒙蒙天体的位置，而没有在意收录的是什么。在之后的两个世纪里，"梅西耶天体"的身份一直是个谜团。

"40 英尺大望远镜"由威廉·赫歇尔和他的妻子（原文如此，系妹妹之误 —— 译注）卡罗琳·赫歇尔建造于英格兰斯劳。它于 1789 年落成，在随后的 50 年里曾是世界上最大的望远镜。

在 19 世纪，关于星云的身份问题曾有两个学派。一派以公元前 1 世纪的伟大天文学家威廉·赫歇尔为首，主张它们是在我们的银河系之外的"宇宙岛"。另一派人数更多，认为它们是飘浮在银河系内（或正在其外缘）的较小的气体云。

19 世纪 60 年代，英国天文学家威廉·哈金斯从化学界借用了解析物质的分光术技巧。分光镜是能把光线分解为各种颜色的仪器，就像雨滴把阳光分解形成彩虹，即把光线延展成不同波长的光谱。以彩虹为背景，呈现一系列或明或暗的线条（称为发射线和吸收线），它们是由发光天体的化学元素形成的。这些线条的作用就像化学条形码，能让你鉴别产生这些线条的元素。

哈金斯应用分光术能够鉴别组成太阳的各种元素，并把太阳的条形码与其他恒星的做比较。他发现星光包含着与太阳差不多的光谱条形码，这就意味着遥远的恒星也是由与我们近处的恒星相同的各种化学元素构成的。

然后哈金斯把他的望远镜转向观测梅西耶的星云,从 1864 年起,他考察了约 70 个星云的光谱。星云中大约有三分之一没有显示恒星的谱线图像,看起来"正是"炽热的气体云。但是大部分显示了只有恒星才能产生的那些图像。

那么,这些星云究竟是游荡在银河系之内的恒星云团呢,还是更加遥远?答案在几十年里都不是唾手可得的,所以,一时之间宇宙的范围还是局限于银河系之内。

在 20 世纪 20 年代,美国天文学家爱德温·哈勃终于解决了模糊的梅西耶天体的谜团(参阅第 25 页"造父量天尺")。他证实了它们确实是我们的银河系之外的其他星系。整个宇宙比起人类所曾经认为的突然变大了许多。

没有昨天的一日

虽然哈勃往往被认为提出了宇宙膨胀的想法,但真正的"大爆炸"之父却是一位比利时的天主教神父(也许有些可笑),他名叫乔治·勒梅特。

1927 年,勒梅特提出远距离河外星系的电磁波有向红端的移动 —— 即红移 —— 是因为它们远离我们而去,正是膨胀中的宇宙把它们带向四面八方。

广义相对论和哈勃定律

有一个人从来没有接触过望远镜,却在勒梅特之前 10 年已得出结论,认为宇宙一定在膨胀。1916 年阿尔伯特·爱因斯坦提出了广义相对论,把引力描述为质量、能量和时空弯曲造成的结果(我们将在随后的第 83 页上详述),他导出的方程表明宇宙不是在膨胀就是在收缩,但是不能保持恒定。爱因斯坦认为这里一定有误,于是为了使宇宙保持平衡,便在方程中加入一个他称之为宇宙学常数的小量,后来他把这一举动称为他"最大的失误"。(然而,随后我们将在本书中说明宇宙学常数并非如爱因斯坦所思虑的是宇宙学上的赘疣。)

速度与红化

哈勃等天文学家研究了远距离星系的光谱，他们发现它们比预料的显得更红。哈勃认为星系的距离越远，它就显得越红。

可见光是电磁波谱中的一小段，因此也有一定的波长。光谱中位于红端的光比蓝端的光波长更长。

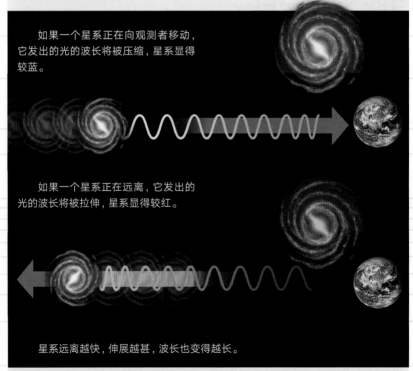

来自遥远星系的光或多或少地向光谱的红端延伸（称为红移）。答案只能是星系确实在移动。

如果一个星系正在向观测者移动，它发出的光的波长将被压缩，星系显得较蓝。

如果一个星系正在远离，它发出的光的波长将被拉伸，星系显得较红。

星系远离越快，伸展越甚，波长也变得越长。

远距离星系显得更红这一事实表明它们一定比近距离星系远离得更快。

1929 年，爱德温·哈勃为勒梅特的宇宙膨胀理论提供了观测证据，显示河外星系相对于地球确实在退行。他还展示了星系越远，红移越大，它们显现的运动越快。由此，哈勃总结了一个星系的红移与距离定律，后人把它称为哈勃定律。

那么星系怎样远离而去呢？星系像炸弹中蹦出的弹片向空间四散飞射，这看来是一个顺理成章的想法，但是情况并不是这样。若把哈勃定律与爱因斯坦方程结合起来考虑，可以看出星系并不是射向空间，实际上是被膨胀着的空间组织本身带动着（就像胀起的杯形蛋糕里的巧克力颗粒在其表面上四散分布）。

膨胀的宇宙

之所以说星系的距离越远红移越大，其理由在于它们的速度随距离而增加 —— 它们分离越远，移动越快。

这正是宇宙从一点正在膨胀的直接证据（大爆炸）。

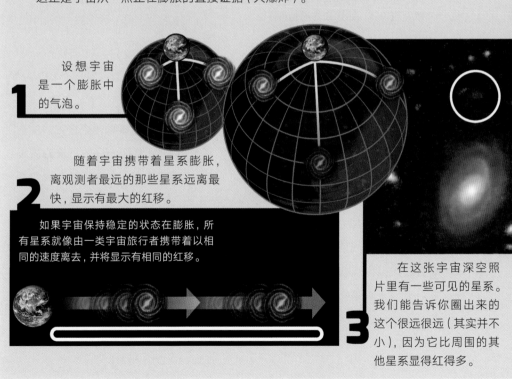

1 设想宇宙是一个膨胀中的气泡。

2 随着宇宙携带着星系膨胀，离观测者最远的那些星系远离最快，显示有最大的红移。

3 如果宇宙保持稳定的状态在膨胀，所有星系就像由一类宇宙旅行者携带着以相同的速度离去，并将显示有相同的红移。

在这张宇宙深空照片里有一些可见的星系。我们能告诉你圈出来的这个很远很远（其实并不小），因为它比周围的其他星系显得红得多。

原初原子

乔治·勒梅特首次提出星系正在退行，因为它们被正在膨胀的宇宙裹携着向四面八方散去。

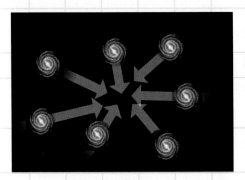 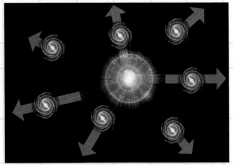

他设想，如果它们正在分离，那么过去一定会更紧密地在一起。所以他想象时间回溯 —— 星系之间越来越密，直到它们汇聚成一个微小的单体，他称之为原初原子。

然后他又开动他假设的时间机器，设想宇宙从原初原子爆发，这一过程后来被戏称为"大爆炸"。

大爆炸之前发生了什么？

这个问题的简短回答是：在宇宙"砰然一声"诞生之前什么也没有。但是冗长的答案要复杂得多。在宇宙的故事里，我们也许会蓦然接触许多莫名其妙、背离常识的概念。

要说从"一无所有"中出现某些事物会让人以为起初并不存在"某些事物"，但是一切事物是在大爆炸中产生的：没有什么"一无所有"，因为"某些事物"也从来没有存在过。我们理解的

"一无所有"是空间的一个区域内没有"某些事物"（就像一只抽了真空的罐子），但是"空间"本身是在大爆炸中产生的，所以就没有为"某些东西"存在不存在的观念留有"空间"。

大爆炸之前发生了什么？这样的提问本身就毫无意义，因为"时间"并不存在。在大爆炸之前不会有"时间"，因为"时间"是伴随着物质和空间一起产生的。

原初原子

1931 年，乔治·勒梅特继续设想既然星系正在互相分离，那么总有一个时候，它们聚集在一起。随着他再次把想象的宇宙钟上紧发条，他认为星系会越来越密，直到它们汇聚成一个小小的单一实体，他称之为原初原子（只是这个"原子"的尺度是太阳的 30 倍）。

从这个原初原子的概念出发，勒梅特设想宇宙的开始就像焰火爆发，星系就像炽热的灰烬在一个膨胀的球内从一个中心向四方扩散。在勒梅特看来，这次焰火爆发代表着时间的开始，而不说"没有昨天的一天"。

尽管阿尔伯特·爱因斯坦对宇宙膨胀猎涉不深，他却十分不屑于勒梅特的想法，他对这位比利时人说："你的计算正确，但是你对物理学的理解很糟。"可是，最终他赞扬勒梅特的学说是"最美丽和令人满意的对创世的解释"。

爱因斯坦能够对膨胀宇宙诞生于原初原子的学说回心转意，但是并非每个人都会轻易相信它。三位天体物理学家弗雷德·霍伊尔、托马斯·戈尔德和赫曼·邦迪是当时的领军人物。1948 年，他们领衔提出了另一个"稳恒态"学说。他们的论据是：随着宇宙膨胀，新的物质（以恒星和星系的形式）不断地创生出来，填补空隙。宇宙就以这样的方式保持均衡，今天如同几十亿年前，也将持续到几十亿年后 —— 它没有开端，也没有终结，有的只是"曾经是"。

1949 年，在一次广播节目中霍伊尔批评原初原子理论，他轻蔑地指称这是"大爆炸的想法"。这个名字一直被人叫着，从此以后，真就称为"大爆炸"学说了。

宇宙微波背景

在随后的几十年里，各个阵营之间争论不休，但是，"大爆炸"学说在不断地赢得追随者 —— 包括后来的教皇庇护十二世（Pope Pius XII），他（相当乐观地）认为这证实了上帝创造世界的教义。

稳恒态理论终于寿终正寝是在 1964 年（原文如此，系 1965 年之误，下同 ——

大爆炸　粒子形成　宇宙微波背景（CMB）黑暗时期（第一批暗物质结构）第一批恒星和活动星系

138.2 亿年之前　　　大爆炸之后 377 000 年　　　　　　　　　　　2 亿年

译注），那时发现了宇宙微波背景（CMB），乌克兰出生的天体物理学家乔治·伽莫夫于 1948 年曾经预言说，大爆炸产生的能量会留下回波，以背景辐射的形式留存至今。

这一宇宙早期的遗存终于（尽管偶然地）1964 年被探测到了，这证实了"大爆炸"学说是解释宇宙起源的最佳理论。在后来的几十年里，它阻断了每一次否定它的尝试，现在被认为是当代科学中最成功的理论之一。

然而，要是没有天文学家设计出丈量宇宙尺度的方法，那么所有这些发现都将是不可能的。没有测量天体距离的方法，我们就不知道它们退行多快，也不可能（比方说）开动宇宙的时间机器，把它们退回至 138.2 亿年前的一点上，即宇宙刚刚开始的那一点。所以值得花些时间去探讨一系列相当奇特的方法，它们向我们展示……

怎样测量宇宙

即使近如 19 世纪，你也很难强求天文学家告诉你天体的距离，尽管它们可能较近，诸如火星和金星之类；至于更远的恒星和星云，那只能靠猜测了。

正如我们所见，17 世纪望远镜的发明开辟了天文观测的新前沿 —— 曾经难用肉眼察觉的针尖大的光芒顷刻间被发现原来是行星、卫星和彗星。即使我们能直观地看到宇宙在眼前膨胀，问题仍在于科学家们既不能跨步子测度或拉卷尺丈量，也不能像闹市中的测工用"计里程车"之类的工具去测定天体之间的距离。那么他们是怎样测量空间距离的呢？

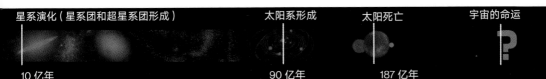
视差角

对于较近的物体，用一种数学上比较简单的称为三角视差的方法就能得到答案，为了不使你因回想起学校里学习几何而产生恐慌，我们就只称它为"视差测量"（20 世纪 70 年代有一部精彩的科幻惊险电影曾经涉及它，你是否想到啦？）

现在，你只要按下述简单步骤去做，就能看到视差效应：

1. 竖起一根手指离开你的鼻子几英寸（1 英寸 = 2.54 厘米），闭上一只眼睛。

2. 注意你的手指相对于背景物体的位置。

3. 现在闭上这只眼睛，睁开另一只眼。[如果你是赛克洛普斯（希腊神话中的独眼巨人——译注）这个门道就行不通了]，于是你将看到你的手指似乎跳到了别的位置。

之所以会有这种"跳跃"发生，是因为两只眼睛有几厘米的间隔，每只眼睛从稍微不同的方向去看这只手指。（竖手指的视差实验不宜在公共场所去做，因为竖起手指并夸张地眨眼的行为会引起误解。）

用手指测视差

视差效应的简单演示就是在你面前竖起一根手指（最好是你自己的手指）。

通过交替地睁开和闭上眼睛，你将会看到手指从一边跳到另一边。由于眼睛从不同的角度去看这根手指导致这种运动。

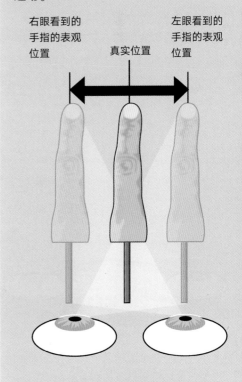

右眼看到的手指的表观位置　真实位置　左眼看到的手指的表观位置

*注意：手指不应该移来移去或安装在几根棍棒上以制造这一效果。

测量行星

天文学家通过测量远方天体相对于背景恒星位置的视差运动，能够测出视差角，然后结合基线距离就能应用简单的三角关系算出天体的距离。

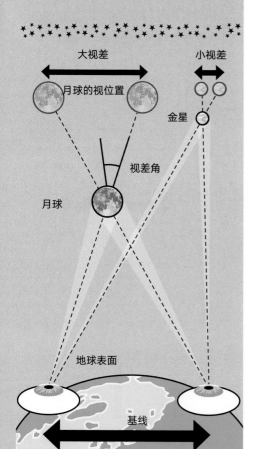

大视差　小视差

月球的视位置　金星

视差角

月球

地球表面

基线

对于地面上的两个天文台，月球很近，足以看到显著的视差运动，但是天体距离越远，视差越小。

通过测量这一视差运动并应用简单的几何关系就能测定比如手指到你鼻子的距离。

同样的方法也能用于测量很远物体的距离，例如山脉、月球、行星，甚至星系。很可惜（可能毫不奇怪）距离越远，视差运动就越小，于是距离也就更难以测定。

再次伸出那根手指，并把它一下放回到你的鼻子跟前。现在，再次睁开并闭上你的眼睛，但是这回请把你的手指慢慢地向前移去。随着手指的前移，你会看到视差变得越来越小。这是由于（除非你碰巧是条双髻鲨）你的双眼靠得很近，而随着手指移开，眼睛看向手指的角度之差逐渐减小。

当天文学家用视差法测量空间天体的距离时，情况也一样。为了测量到月球的距离（只有 40 万千米），天文学家要把他们的"眼睛"（也就是两架望远镜）放到几千英里（1英里 = 1.609 千米）开外。但是，即使为了测量最近行星火星和金星的距离，也要棘手得多。

即使把望远镜放在地球相对的两头（约1.2 万千米）与到火星的惊人距离（离地球最近时达 5600 万千米）相比，形成一个非常尖细的三角形。但是，虽然角度极小，却还是能够测量的。

天文单位

　　1671 年，两个法国天文学家的团队同时测量火星位置。一个团队由乔瓦尼·多米尼科·卡西尼领队，在巴黎，另一个由卡西尼的助手让·里歇领队，派遣到法属圭亚那。

　　当他们再次会合时，通过比较他们的记录，就能测定火星的视差，他们据此可以计算出地球到火星的距离。他们利用这些数据也能估算地球到太阳的距离，为 1.4 亿万千米（现代测定值为 1 亿 4960 万千米）。日地距离极为重要，因为它是天文学上的一个标准单位，用于计量太阳系天体的距离，这就是天文单位，简记为 AU。

　　那么 AU 为什么这么重要呢？因为它给了天文学家一条新的基线，用来测量宇宙。由于地球的轨道半径几乎是 1.5 亿千米，从太阳的相对两侧相隔 6 个月的观测，给了天文学家一条 3 亿千米的基线——分离这么远的两只"眼睛"足以测量远在太阳系之外的天体的距离。

测量恒星

　　天文学家在前后相隔 6 个月时进行测量，那时地球位于轨道上相对的两侧，这样就增加了基线的长度，于是更远距离天体的视差也能测定了。

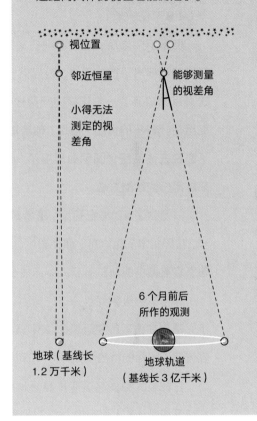

视位置

邻近恒星

小得无法测定的视差角

能够测量的视差角

6 个月前后所作的观测

地球（基线长 1.2 万千米）

地球轨道（基线长 3 亿千米）

　　对天文学家来说，不幸的是，即使用 3 亿千米长的基线，"邻近"恒星的视差还是显得很小，小到连 17 世纪的望远镜都不能分辨。还有更糟糕的事，天文学家还不知道怎样去补偿地球自转轴的"晃动"（称为章动）和地球在轨道上的公转运动，这使得来自恒星的光线倾斜一个角度射向地球（好像从天空笔直落下的雨滴，当你向前奔跑时似乎"吹落"到你的脸上）——这称为"光行差"效应。

还要再过 150 年以上，理论和望远镜技术才能满足天文学家测量恒星的距离。但是，紧随着 19 世纪 30 年代天文活动的一个小高潮，在 19 世纪中叶天文学家已经测定了太阳的几个近邻的距离（天文学上的所谓"近"，自然是相对的说法——即使最近的半人马座比邻星，也位于 271 000 AU 之外，即 271 000 × 1.5 亿千米，等于 39.9 万亿千米）。

但是不久之后，天文学家们又来到了技术瓶颈，视差测量在最初的热度过后，又跌落到停滞不前的地步。很显然，单就视差来说，他们的测量已达到了极限——这有点像知道了一条死胡同里两栋房子之间的距离：这能让你测定整条街的长度，甚至估计村庄的大小，但是，你若试图量出到下一个村庄的距离就勉为其难了，更不必说去估量整个国家的尺度了。由此可见，想要估量整个宇宙的尺度，他们还必须发明一些别的方法。

只是到了 20 世纪初期，随着照相底片的进展，这个领域也不断取得显著的进步。在照相术问世之前，即使最好的望远镜也受一种严重缺陷的制约，即人眼。远距恒星极其微小的视差小到人眼无法察觉。

照相机的极大优势在于它提供了对于恒星位置的永久和精确的记录，天文学家不必再守在山顶的望远镜旁冻得瑟瑟发抖，便能在观测之余研究照相底片。恒星的位置能以很高的精度测定——如有必要甚至可以把显微镜派上用场。

它的最大的优点是底片曝光越久，就有越多的星象露光，即使是很暗的星象也会变得亮些。就人眼来说，你可以目不转睛地盯着天空，愿意多久就多久，但是你还是不能把暗淡的天体看清分毫，一如第一眼所见。

在照相天文学问世的 1900 年之前，只有 60 颗恒星被视差测定。仅仅在随后的 50 年里，数字便增加到约 1 万颗。被测恒星数量的猛增促使天文学家编制关于恒星属性的星表，用于估计原本由于太远而难以直接测量视差的恒星的距离。

星光，星的亮度

20 世纪初期，天文学家认证了恒星的颜色、温度和它的光度之间的关系。1860 年威廉·哈金斯首开应用分光术之先河，丹麦天文学家艾纳尔·赫茨普龙和美国天文学家亨利·诺里斯·罗素应用这项技术各自独立地确定，大多数（约 90％）的恒星落在一条清晰的从蓝到红的色谱序列里。

蓝星刚刚开始它的生涯，如此猛烈地燃烧所以呈现蓝色（正如火焰最炽热的部分是蓝色的），红星是恒星中的老者，它们在温度较低、步履平缓的状态中燃烧（我们的太阳正在序列的中央，所以呈现黄色）。（原文如此，但这段话有误，恒星颜色不同并不反映其演化阶段的早晚，而是由于其质量大小。大质量恒星温度高，呈蓝色或蓝白色；小质量恒星温度低，呈红色；太阳属中等质量，呈黄色。——译注）

恒星的光度也与其温度直接相关 —— 较热的恒星产生更多的光，所以显得更亮。把用分光术测得的资料与用视差得到的距离相结合，赫茨普龙和罗素创制了一张图，显示每种光谱类型的恒星有怎样的光度。这称为（看来顺理成章）赫茨普龙-罗素图。

光（和一切电磁辐射）服从某种称为平方反比的规律，它的基本意思是对于每单位距离的增加，恒星的亮度随距离的平方而减小 —— 所以一颗两单位距离的恒星，亮度下降到四分之一（2^2），而四单位距离的恒星，亮度下降到十六分之一（4^2）。

那么，如果发现一颗恒星实在太远而不能应用视差方法时，天文学家必须去做的事情就是去鉴别它属于哪一种光谱型，把它放到赫茨普龙-罗素图上去作对比，比较它的视光度，并用平方反比律估计它的距离（这就像知道了一只 60 瓦的灯泡的光度，并借以估计另一只 60 瓦的灯泡有多远）。

这种测定距离的方法称为分光视差法（这种方法多少没那么有把握，但总比在视差面前束手无策为强），即使这样，也只有助于我们测定较近恒星的距离。

测量星系

　　一旦建立了恒星颜色（光谱型）和光度之间的联系，天文学家就只要寻找具有同一光谱型的恒星，作为已知距离的恒星。因为他们知道它的光度是多少，进而应用平方反比律估算距离。

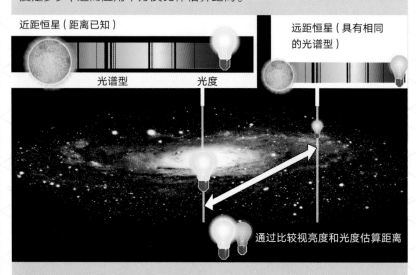

近距恒星（距离已知）

远距恒星（具有相同的光谱型）

光谱型　　　光度

通过比较视亮度和光度估算距离

平方反比律

　　光线在穿越空间时向一个球面扩散。由于光子数不变，光穿行越远，落在任何给定面积上的光子数就越少。与光源的距离翻倍，光子扩散到达的面积达 4 倍，因此亮度降到 1/4。

3 单位

2 单位

距离：1 单位

1/4

1/9

光扩散到 4 倍的面积上

光扩散到 9 倍的面积上

造父量天尺

星光到达我们这里的路途越是遥远，途中相遇使星光变暗的"材料"就越多，例如尘埃，它吸收和反射星光。终于通过层层障碍到达的星光，不能指望它会告诉我们发出这道光的恒星的"真相"。问题在于被尘埃的原子吸收和反射的星光，在它到达地球的时间之内，光谱被尘埃改变——"路途中所有材料"的光谱混杂在原来发射的星光的纯净光之中。

为了实现银河系外测量的最后一步，天文学需要找到宇宙的路标——一种单一的天体，它们能把所有"材料"或"噪声"分隔开，

测量宇宙

为了消除星系际空间的尘埃和气体产生的"噪音"，科学家采用了一种类型很特殊的恒星。造父变星正是这种天体。

造父变星在膨胀和收缩，在此期间，它的光度改变——在一个测定的周期内从亮到暗又回到亮，做着脉动。

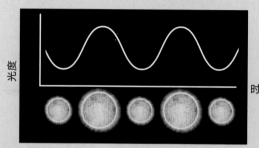

造父变星的光度与它的周期有关。通过研究造父变星的周期，天文学家能够确定它的光度，然后应用平方反比律，估算它所在星系的距离。

并能用于星系际的里程指示器。他们没有等待太久便发现了一个。

1784 年首次认出造父变星，两个多世纪以来，它们是天文学家心目中"妙趣横生的奇珍"。顾名思义，变星是亮度变化的恒星，它们从明亮变化到暗淡，又返回明亮，就像圣诞树上闪烁不定的小灯泡。还正像这些节日的装饰品，造父变星会以各种变率脉动——有些脉动快，有些慢，更有些起初快，后来慢，再次变快。

只是到了 20 世纪头 10 年里造父变星作为量天尺的功能才被发现，这得归功于哈佛大学的一位"计算员"。

那时候还没有由闪耀的开关和飞转的数据带组装而成的计算机，妇女被雇用作为计算员，来编算记录在底片上亮星的星表（在那个时代，妇女不受重视，不能操纵

复杂和昂贵的望远镜）。

其中就有一位计算员亨莉耶塔·斯旺·勒维特。1908 年，她发现在造父变星的光度与变化周期之间有可预测的联系（换句话说，假设一颗造父变星由亮变暗又返亮的周期是 2 天，则它的光度与光变周期为 7 天的就不同）。如果天文学家能够求出一颗光变周期已知的造父变星的距离（他们在 1912 年做到了，用的就是我们已经讨论过的方法），那么下面要做的就是发现另一颗具有相同周期的造父变星，测量它的亮度，应用平方反比律，一举成功！（实际做法是天文学家求出多颗不同周期造父变星的光度，导出周期与光度间的关系式，应用于任何周期的造父变星——译注）

突然间天文学家就有了一把标准量天尺，用来测量宇宙里几乎任何距离（后来，超新星爆发被用于测量最遥远的距离）。正因为这样，造父变星称为标准烛光。

20 年以后，爱德温·哈勃利用造父变星的测量证明某些梅西耶的"模糊斑点"十分遥远，不可能在银河系内，只能是分散的星系。他测量了银河系最近邻居仙女星系的距离，测得约 80 万光年（1 光年约 10 万亿千米）。根据这样一个独特的结论，宇宙的大小已不是我们曾经所理解的，而是远远地超出了银河系的边界。造父变星帮助人们认识到银河系远非唯一的。它不过是宇宙中无数星系中的一员，而宇宙的大小相比于我们原来的认识，呈现指数式的增长。

光年

在 18 世纪中叶之前，测距的最大单位是天文单位（约 1.5 亿千米，即太阳与地球之间的距离）。当天文学家着手测量恒星距离时，他们意识到需要一个更合适的计量方式。1727 年英国天文学家詹姆斯·布拉德雷算得光的速度（约 6 亿 7100 万英里 / 时）。1838 年，德国天文学家弗里德里希·贝塞尔用这个数字算出光在 1 年中穿行的距离，并用"光年"这个词描述到恒星天鹅 61（称为"贝塞尔星"）的距离。

大小就是一切

哈勃得出了仙女星系的距离为 80 万光年，看来像是一个了不得的数字，可是把它拿来作为计量其他星系距离的基准，则出现了问题，他用他的红移定律计算星系退行的速度，并据此估计宇宙的年龄，他的数字表明宇宙只有 20 亿岁，实在太年轻了。

这对于大爆炸模型的支持者是猛然的当头一棒。地质学家通过研究岩石和陨石已经确定地球和月球至少已有 40 亿年年龄。显然，行星的年龄不可能比宇宙大一倍，总有什么事情不对头。宇宙一定比被认为的大得多（如果不是这样，"大爆炸"学说真的面临绝境）。

像哈勃这样的天文学家为估计最近星系的距离做了初步尝试，但是受制于当时望远镜的分辨能力，无法分辨小如模糊斑点的天体。这倒不是由于望远镜的光力不够强，而是地球大气的扰动效应和人为的的光污染产生了严重的障碍。

光污染，特别是在城市里，是今天天文学家遇到的巨大问题。来自恒星穿越万亿千米空间来到的光子簇，在地球人看来，不会比 3000 米外的针尖更大，会轻易地淹没在人造光源喷向城市上空的无数个光子之中。幸好（至少对于本书的故事来说），在 20 世纪 40 年代，天文学家碰到了一个不可求的"盟友"：第二次世界大战。

由于害怕夜间轰炸，普遍实行灯火管制，无论如何，为什么要把照亮着的目标给敌人的投弹手去瞄准呢？就这么轻轻地一触开关，人为的眩目橙色光芒便在天空消失了，有一位天文学家，适时地来到这里利用这个机会。

出生于德国的天文学家瓦尔特·巴德在 1931 年移民到美国，以躲避其祖国日益动荡的政治气候。当美国卷入到冲突中之后，他的大部分科学家同事转向到军事研究，但是巴德作为一名德籍人员有潜在的安全隐患，被排除在战事工作之外。

事实上他独享了当时世界上最大望远镜的使用权，这是位于加利福尼亚州威尔逊山的 100 英寸胡克望远镜（哈勃曾用它发现了红移定律）。巴德有幸用它去

宇宙的年龄

宇宙的年龄最近由欧洲空间局的普朗克飞船进一步精确化。这艘飞船以前所未有的精度，测量了大爆炸辐射的"余辉"（宇宙微波背景，CMB），于是在2013年宇宙学家能以更高的精度确定哈勃常数（依据哈勃定律），把宇宙的年龄从137.3亿年（按美国宇航局的CMB探测器WMAP卫星的资料估算）改进为138.2亿年。

探察漆黑一片的夜空，真是无与伦比的良机。

巴德把望远镜的能力发挥到极致，能从仙女星系（我们最近的大星系邻居）分辨出单颗恒星，可是哈勃只能看到它是一个模糊的光斑。

他发现有两类不同的造父变星。第一类叫作星族Ⅰ，是高温和蓝色的年轻恒星；另一类叫作星族Ⅱ，是较大、较冷和较红的年老恒星。

哈勃起初在计算仙女星系的距离时，应用了模糊光斑的光度，他没有认识到较暗的星族Ⅱ恒星。所以他正是用了亮得多的星族Ⅰ恒星为他的计算定标。由于它们更明亮，就使得仙女星系看起来比其实际距离更近（实质上，如同当他事实上看着一只100瓦的灯泡时，他还以为灯泡是60瓦）。

当巴德重新计算仙女星系的距离时，应用了正确的光度，他得到的结果是200万光年（现代的估计值高达250万光年）。巴德通过亲手计算把每个河外星系的距离都翻了一番，也把宇宙的年龄增加到约50亿年，虽然这比今天的估计值138.2亿年短得多，但至少意味着宇宙比太阳系更老（这对于大爆炸宇宙论者是莫大的宽慰）。

好吧，这就是我们怎样看到了宇宙究竟有多么大，比任何人想象的大得不可思议，而且它是怎样从称为大爆炸的一次事件中砰然出世。现在是时候了，让我们继续前进，并开动脑筋考虑怎样着手构建宇宙（请把关于神的无限威力的迷信关在门外）。我们知道宇宙起源于一次大爆炸，所以合理的做法是从大爆炸着手，虽然原本那是一次既不大，也不含有任何类型的爆炸的事件。

威尔逊山的望远镜

上图：100 英寸的胡克望远镜是当时世界上最大的望远镜，安装在加利福尼亚州洛杉矶的威尔逊山天文台。爱德温·哈勃曾经用它作观测，于 1929 年总结出红移定律，从而测量宇宙的膨胀。但是他不能分辨河外星系里的单颗恒星，不得不测量"模糊光斑"（插图），这使他的工作受到局限。

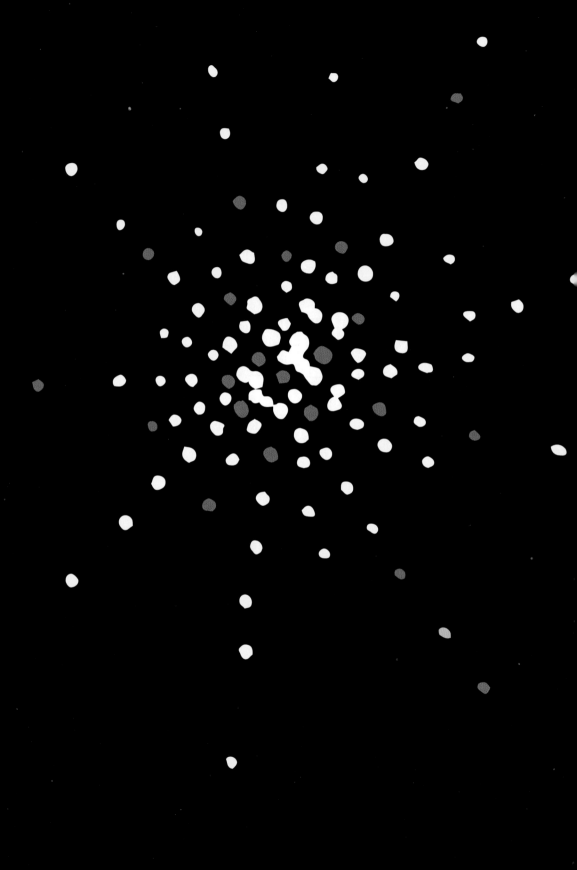

第 2 章　宇宙诞生

在本章里我们描述宇宙的诞生和第一批物质粒子的形成，正是它们将构成我们的宇宙。

"**起**初上帝创造天地……"（译文转引自《旧约全书》，中国基督教协会、中国基督教三自爱国运动委员会印，1988 年版）。基督徒认为万事万物就是这样开始的：这 8 个字说明了地球和宇宙怎样来到世上。你不认为它有点简单化了吗？一次意义非凡的事件就这样发生，经不起认真推敲。

那么现代科学又是怎样解释宇宙是如何面世的呢？一定有很长很复杂的，裹杂着既繁复又难懂的术语，如"熵""均匀性"和"各向同性"之类，不是吗？科学描述的"创生"那一瞬间甚至比《圣经》更简洁。读一本科学书籍（就有点像本书），它无不都告诉你宇宙诞生于一次"大爆炸"。只用 3 个字：3 个普通的单音节字，就像小儿戏言，去描绘那大小几乎无法计算的宇宙的诞生。

没有昨天的一日

是的，科学上这种初始的考虑有点令人失望，但是与《圣经》上一位超自然的神从魔法口袋里造出宇宙的故事相比，科学上关于宇宙如何创生的设想则与具体的证据关联着，它们就是我们能看见，能听到和能以可重复的实验得到的现实事物，难道不是这样的吗？

呃，不……不完全这样。

大爆炸学说的难点在于它不是实实在在地描述宇宙是怎样诞生的。大

宇宙有中心吗？

宇宙没有中心，宇宙并不是从一个固定点向外膨胀，而是从各个点同时膨胀。不论你在宇宙的什么地方，你将看到整个空间从你这里向四处膨胀，你仿佛就在宇宙中心。

爆炸这个词可能有些误导，它不是指空间、时间和物质从中产生的一次宇宙爆炸。相反，它描述宇宙在其创生之后的演化。

考虑大爆炸学说好比设想有一位没有人类生理学知识的陌生人来描述你的生平。这位陌生人会确切地描述从你出生那一刻以来你的成长，你与环境交融，但对你呱呱堕地时的第一时间发生了什么，他就只能猜测了。

大爆炸学说能描述宇宙从它诞生过了亿分之一（又亿分之一、又亿分之一、又亿分之一）秒以来的发展，但是不能说明恰恰诞生的第一时间怎么样。

所以，正如科学所主张的，它不能说明宇宙怎样来到世上，它真是从一无所有中"喷涌"而出（好像从上帝的口袋里拽出来）的吗？它是不是宇宙创生、死亡、再创生的无穷循环中的一环？宇宙是唯一的吗？它的确是硕大的"瑞士奶酪"巨块中的一个空洞？我们将在后面探讨这些问题，不过眼下要面对我们自己。

关于宇宙大爆炸学说要告诉我们什么？

就这样，物理学能告诉我们关于宇宙诞生的许多东西，但是它不能说明在最初无限小的那一瞬间发生的事情。这里，在所谓的普朗克时期，物理定律完全失效，理论家们在从一组方程解得的数字面前焦头烂额，数字趋向于无限大（他们忌讳无限大），经典物理学或量子力学都无法解释发生了什么。设想大爆炸学说是一本书：它是从第一章第一页的第二段开始的，虽然我们应该等待科学家写出第一段，但是我们还是能欣赏书的其余部分。

我们的故事从比最小的粒子还小的某些事物出发。这些最小事物中充满了所有的物质和能量，它们将存在于宇宙的整个历史中，也就是所有曾经出现或将要出现的星系、恒星、行星、卫星和生命中，它们压缩成一个能量无穷的一个点（只有单个质子大小的 100 000 000 000 000 000 000 分之一）于是它开始膨胀。

原子

我们将在后面更详细地看到原子是由什么构成的，不过这里先展现原子的基本模型。

核
由荷正电的质子和电中性的中子结合而成。

电子
荷负电

在宇宙创生的第一瞬间（诞生后的 100 000 000 000 000 000 000 000 000 000 000 000 000 000 分之一秒），它是极端致密和极度炽热的。当然，只是说它炽热还有些词不达义，就太阳中心来说，沸腾着的温度达 1000 万度，是"炽热的"，但是还要在这个数字后面添上 19 个零，才能表示早期宇宙到处一样的温度。

所有这种能量（热量和能量可以看成是同一种东西）意味着我们所熟悉的物质还不能形成，而且有朝一日将导致宇宙结构形成的所有基本作用力，即电磁作用力、强核作用力、弱核作用力以及引力（参看第 4 章作用于宇宙的力很强，第 70 页）都束缚在一起，这是单个统一的力。

在宇宙诞生后最初远不足一秒的时间里，膨胀比较缓慢，但是它一旦膨胀，便逐渐地趋向于越来越不致密和越来越不炽热。然后，有一件极其惹人注目的事情发生了：统一的力突然间分裂了，基本作用力互相分离，在这种情况下，巨大的能量爆发出来（有点像打开一个摇动过的可乐罐头）。这一能量喷发导致宇宙以指数式膨胀，这个过程称为暴胀。就在 100 000 000 000 000 000 000 000 000 000 000 分之一秒里宇宙膨胀到 10^{78} 倍（这是 10 自乘 78 次）。就好像比质子还小的一个尖尖膨胀成一只葡萄柚（也相当于一只网球膨胀到今天的可观测宇宙）那么大，瞬息间暴胀就平息下来，那时的宇宙只有现在的约千分之一大小。

在这个大为扩展了的宇宙里，曾经那么紧密地挤压在一起的能量能够向外扩散了，由于在任意给定的区域能量较小，它冷却下来，导致第一批物质粒子形成。（参阅第 69 页，关于物质怎样由能量形成的内容。）

宇宙的暴胀

宇宙暴胀听起来也许有点像一种权宜之计，用来弥补大爆炸模型的缺陷，但是近期的发现把暴胀从理论上粗浅的混沌中推进到基本确定的光明里。

宇宙暴胀预言了一个边际效应，即宇宙的瞬息而猛烈的膨胀会在时空的组织里产生波动，通过膨胀着的宇宙向外传播，好比向一个池塘投入一个石子泛起涟漪。

这种波动称为引力波，人们预期这种宇宙的涟漪将会留下宇宙幼年期辐射汤中隐藏的秘密。因为当波在空间传播时，弯曲和伸展宇宙组织，也将把处于组织中的任何粒子上下前后地推动。

在自然界有一些粒子，例如电子，会以光子（像光那样的一束束电磁波）的形式释放多余的能量。在通常情况下，这些光子会向四面八方发射，但是若有引力波起扰动作用，它们会排列成行产生波动，形成偏振光。

有许多事物能使光成为偏振（例如从水漉漉的路面上反射的光），但是理论预言引力波造成的偏振光会形成特殊的圆偏振形式。称为 B 型偏振。如果在大爆炸辐射的余辉（宇宙微波背景，CMB）里发现存在圆偏振，这将是宇宙暴胀的确发生过的证据，因为没有别的现象能够在那里以这种方式扰动时空。

2014 年，一个称为 BICEP 2（Background Imaging of Cosmic Extragalactic Polarization experiment，河外宇宙偏振实验背景成像）的团队，应用安装在南极的望远镜，向兴奋不已的宇宙学界宣称发现了隐藏在 CMB 背后的这个非常特殊的偏振指纹。

这个结果还远不是"铁板钉钉"，就像所有科学发现一样，它还必须由其他实验独立地证实，然而迄今为止宇宙暴胀是有助于我们构筑宇宙模型的最好假设。

物质对反物质

从能量汤里凝聚出来的最初一批粒子是基本粒子（原文为 fundamental 或 elementary 在汉语中一律用"基本"——译注）。它们包含光子（光能量的载荷）、电子（电磁能的载荷）和夸克（物质的微粒）。

同时还有几乎等量的反物质产生。反物质粒子除了电荷相反（与荷负电的电子相反的反物质是荷正电的正电子）以外，其他性质确确实实与它们的物质兄弟相当。

反物质的另一个特点是它不能与物质合在一起，如果反物质与物质相遇，两者则会湮灭，在这个反应中所有质量都立刻转化为能量。由于早期宇宙十分稠密，物质和反物质没有很多的空间可以彼此避让，所以海量的新形成物质在物质与反物质的反应中又转化为能量。

所有这些被再释放的能量用于进一步驱动宇宙膨胀，但是有时候，这个进程会停滞不前，以至于能量重新形成物质的基本粒子，宇宙的构建才能继续进行。

我们真是无上幸运，物质和反物质没有等量地产生出来。如果它们的量严格相等，它们就会持续火拼直到丝毫不留，那么我们眼下的这个宇宙也就了无痕迹。

物质与反物质的湮灭

当一个电子与它反物质正电子碰撞时，它们的质量完全转化为能量。

电子　正电子

高能光子

物质与反物质的反应释放巨大能量，能为将来一代代行星探测飞船提供燃料，达到创纪录的速度。

只要 10 毫克正电子就能产生与 428 吨 TNT 相当的能量。这也相当于 23 个航天飞机内部燃料箱（橙色大箱子）的能量。

夸克

所有基本粒子都被看作是构成物质的材料，但是（尽管光子和电子十分重要）真正的建筑材料是夸克，因为它们（以不同的组合）构成了组成原子核的质子和中子。

夸克是特别小，也可以说是最小的颗粒。要是说大多数粒子都携带整数的电荷（负电子的是 -1，正电子的是 +1，等），那么夸克只携带分数的电荷。有三种夸克携带 2/3 正电荷，另三种"搭档"夸克携带 1/3 负电荷。它们的名字也不失古怪。有上夸克和相应的下夸克；有粲夸克和奇夸克；然后有顶夸克和底夸克。

夸克通常也是集群的粒子。它们总是成对或 3 个结合在一起 *，从不分离。事实上，科学从来没有看到过（可能也将永远看不到）单个的夸克。它们通过强核作用力（参阅第 4 章第 72 页）结合在一起，事实上在原子的尺度上，这种作用力随着距离的增大而增强。如果你拿起一根原子撬棍试图撬开 2 个夸克，你将会感到把它们相互吸引在一起的力变得越来越强（很像当你拉伸一根橡皮筋时，它的弹力增加）。终于，你耗费了巨大的能量把它们拉开，但是能量转化成了质量，在你面前的是 2 个新形成的（同样紧紧地结合在一起的）夸克。

还没有一种我们今天所了解的过程能够为克服夸克间的吸引提供必需的能量（也许大小如太阳般的粒子加速器能够做得到）。但是，在婴儿期宇宙的超高温粒子汤里，夸克能够自由漫游，这表明在那最初的时刻，有多么巨大的能量充盈在宇宙中。

但是它们的自由生涯相当短暂，只不过在宇宙诞生后的 0.01 秒之后，粒子汤已足够地冷（冷到了令人展眉的 10 万亿摄氏度），以至于夸克相互吸引而结合起来，构成第一批中子和质子，此后夸克再也不能重获自由。

---

* 甚至可能有 4 个的集合体！2014 年大强子对撞机项目的科学家们发现很有力的证据，表明存在由 4 个夸克构成的粒子。一旦这被证实，并将意味着有五夸克、六夸克的整个粒子族隐藏在后面，它们可能存在于假设中叫作夸克星的恒星残骸之中。

物质产生

	时间	**1** 普朗克时期 138 亿年以前	**2** 基本粒子 0.0 000 000 000 000 000 000 000 000 000 000 000 000 000 000 0001 秒之后	**3** 质子和中子 0.000 0001 秒之后

近似
温度

100 000 000 000
000 000 000 000
000 000 000 000 ℃

10 000 000 000 000℃

10 000 000 000 000℃

- 夸克
- 电子
- 光子

○ + ○ + ○ =
更大的粒子
（质子和中子）

- 质子
- 中子

1 普朗克时期：空间、时间、物质和能量都被紧裹在一个难以想象的小、无限致密、无限高温的火球里。所有基本作用力（引力、电磁作用力、强核作用力和弱核作用力）也结合在一起成为统一的力。一万亿分之一秒之后统一的力分裂，并给宇宙的指数式暴胀提供能量。

2 基本粒子：随着宇宙膨胀，所有能量变得更稀薄，宇宙冷却下来。能量凝聚成物质，第一批粒子产生。这些第一批粒子构成了夸克、电子、光子和中微子，同时生成了它们的反物质孪生子（反夸克、正电子等），这些物性相反的物质相互碰撞并湮灭，释放出巨量光子（光的微粒）。

3 质子和中子：随着温度下降，碰撞中的夸克能结合在一起，不再立即被任何能量分离。夸克（通过强核作用力）以三个系列的方式结合形成第一批质子和中子。

大爆炸 粒子形成 **宇宙微波背景（CMB）** 黑暗时期（第一批暗物质结构）第一批恒星和活动星系

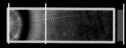

138.2 亿年之前　　　　大爆炸之后 377 000 年　　　　　　　　　　2 亿年

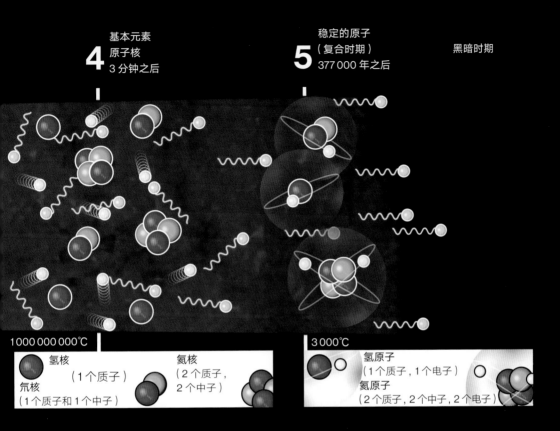

4 基本元素
原子核
3 分钟之后

5 稳定的原子
（复合时期）
377 000 年之后

黑暗时期

1 000 000 000℃

氢核
（1 个质子）

氦核
（2 个质子，
2 个中子）

氘核
（1 个质子和 1 个中子）

3 000℃

氢原子
（1 个质子，1 个电子）

氦原子
（2 个质子，2 个中子，2 个电子）

4 **基本元素：** 当温度下降到约 10 亿度时，碰撞中的质子和中子会通过核聚变结合形成最简单的化学元素——氢、氘（重氢）和氦。大约 20 分钟之后，宇宙大幅度冷却下来，核聚变结束（这将在第一批恒星诞生以后重新开始）。在这一时期，宇宙充满了炽热、暗黑的原子核和电子，称为等离子汤。由物质和反物质的湮灭产生的所有光子都被囚禁在等离子汤里，与质子和电子做着无休止的碰撞。

5 **稳定的原子：** 宇宙冷却到相当程度，荷正电的原子核便会俘获荷负电的电子，成为中性的原子。当所有的原子核都变得稳定后，光子可以毫无阻碍地穿行，宇宙首次变得透明。这时，宇宙由 75% 的氢和 25% 的氦组成。

星系演化（星系团和超星系团形成）

太阳系形成

太阳死亡

宇宙的命运

10 亿年

90 亿年

187 亿年

辐射时期

值得花点儿时间想象一下宇宙在这一点上像什么。即使它已极度冷却下来，还是有约 10 亿度，这仍然非常的热。热量是描述一个系统内部能量高低的另一种方式，若粒子很热，它们具有很高的能量，所以它们飞得很快（物体越冷，它具有的能量越少，其中的原子运动越慢，这就是为什么热水会蒸发而冷水则结冰）。

在 10 亿度的高温下，有无数粒子伴随着巨大的能量，飞快地运动。由于宇宙还是一锅比较稠密的粒子汤，所有这些高能粒子都在不停地彼此猛烈冲撞，每时每刻总会有一个质子与一个中子撞在一起，紧紧黏合，就这样形成了第一批轻元素核。

宇宙在其诞生后不到 3 分钟，已经有了它的第一批元素：氢（一个质子）、氘

囚禁着的光

根据爱因斯坦的狭义相对论，光速是每秒 299 792 458 米的常数（约每小时 6 亿 7000 万英里）。例如，光离开太阳表面后，只花费 8 分钟就经过 9300 万英里（1.5 亿千米）到达地球。这句话里的关键词语是"离开太阳表面"，只是在太空的真空里，光速才是常数，但是光子在传输的路程中遭遇相当黏滞的阻碍，从 A 到 B 要经历长得惊人的时间。

光子到达我们这里只要几分钟的时间，这已覆盖了从太阳到地球的长距离。但是，实际上远在更早之前，它们已开始了自己的旅行。它们在太阳核心的核聚变反应里产生出来的那一瞬间，便面临着一个问题，宇宙最早期的光子也许会同病相怜。在核心产生的每个光子不得不在 430 000 英里长的极度浓稠的等离子体里抓爬出一条路来。每一次它们只能经过很小一段距离，就会遭遇氢核而被吸收，然后再次辐射到一个杂乱的方向。一个光子可能被吸收、辐射、再吸收、再辐射达几万亿次（这个过程被形象地称为"醉汉的步态"），经过 17 万年才能终于到达太阳表面，从而开始其旅程。

（氢的同位素，一个质子和一个中子）、氦（两个质子和两个中子）和很少量的锂（三个质子和三个中子）。但是在系统里还有太多的能量，以至于这些原子核不能俘获并留住电子以成为稳定的原子。原子若失去其外围的电子称为离子或荷电粒子，因为（多少有点显而易见）它们携带电荷。例如，一个完整的氢原子有一个荷负电的电子环绕着一个荷正电的质子核，正负电荷互相抵消，你就有了一个中性原子。中性的氦原子，在核里有两个质子和两个中子（中子，正如其名称所示，是不带电荷的），外围有两个电子环绕。

所以，当时的宇宙并不是像我们当前拥有的由中性原子组成，十分稳定，而是一个稠密而翻腾不已的超高温等离子体海洋，即炽热的荷电气体，恰似太阳。确实，宇宙就像巨型恒星。粒子

醉汉的步态

光沿直线传播十分迅速，但是在稠密的早期宇宙里不容它选择直线。

荷电粒子

光子被吸收并发射到杂乱的方向

的所有这些活动意味着光线不能传播得很远。有那么多的粒子和自由电子到处横冲直撞，光子不断地受阻挡、被吸收和被反射。

辐射时期并不像我们迄今已经讲过的其他各个时期转瞬即逝，而是持续了大约38万年。从第一粒比质子还小的宇宙种子出现到辐射时期结束所发生的一切事件，都是由理论和实验证据推断出来的，这是物理学家的专属领域。

现在一切即将改变：光将从它们早期的等离子体牢笼中释放出来，而观测天文学家将能一展身手。可是，在发生这种改变之前，还有一件非常重要的事情会发生：复合。

天文学家怎样"看到"过去？

　　由于光到达我们眼睛（或望远镜的透镜）要花时间，天体距离越远，我们看到的在时间上回溯更久。肉眼能看到的最遥远的恒星距地球约 16 000 光年，这意味着我们看到的是当人类在石器时代时它发出的光，这束光直抵今天，但是我们不知道这 16 000 年期间它的情况。

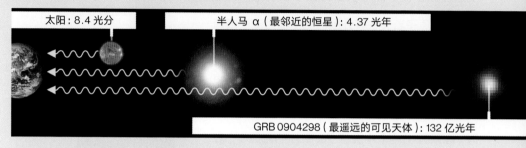

太阳：8.4 光分

半人马 α（最邻近的恒星）：4.37 光年

GRB 0904298（最遥远的可见天体）：132 亿光年

　　真空中的光速是每秒 18.6 万英里（每秒 30 万千米）—— 光在 1 秒钟里就能环绕地球 7.5 圈。光年是光在 1 年里传播经过的距离，它等于 5 865 696 000 000 英里（9 460 800 000 000 千米）。

复合时期

　　复合时期是宇宙历史上标志性的一点，这时它已充分地冷却（约 3000℃），足以使氢和氦的荷电粒子横扫一切自由电子，把它们锁定在十分稳定的轨道里。

　　复合这个词多少有些误导，无论如何，这些原子核原先从来没有与电子结合过［这多少有点像三月兔去问艾丽丝（英国作家刘易斯·卡罗尔的童话故事《艾丽丝漫游奇境记》中的人物 —— 译注），她是不是要再来点茶，尽管她起初什么也没有］。可是，只有天体物理学家才知道个中缘由，宇宙历史上的这个关键的转折点还是称为复合时期。

　　我们曾经说过，稳定的原子终于产生，光线首次能够在宇宙里自由穿行。对天文学家来说，这标志着一个时刻，即象征性的巨大镜头罩子从宇宙里挪走了。

　　在镜头罩子移开之后大约 140 亿年，这"第一缕光"在地球上被望远镜检测到，天文学家把它称为宇宙微波背景（CMB）。由于这缕光是从整个宇宙里几乎在瞬间释放，它为婴儿期的宇宙留下了一张完美的快照，这能让我们描绘出宇宙年龄 38 万年时的结构（参看下一页）。

修补大爆炸学说

在本章开头我们曾经讲到叫作宇宙暴胀的一个指数式膨胀的短时期。今天这一思想已经被大多数宇宙学家接受，但是在 20 世纪 80 年代这个想法刚刚提出时，暴胀是一种相当激进的想法，用来修补令人烦恼的缺陷，这正是宇宙微波背景的发现给大爆炸学说带来的。

在 20 世纪 40 年代，大爆炸物理学家曾经预言，如果宇宙诞生时的确像一个高能辐射的大漩涡，在随后数十亿年的膨胀过程中，早期的辐射将冷却下来，并成为电磁波谱中的微波散布开来。如果我们能够透过宇宙的电磁"噪声"回看得足够远，我们将能检测到这些古老的光子，它们正是宇宙涂抹在微波画布上的。

我们怎样在时间上回"看"？

每时每刻你都睁着眼睛观看周围的世界，你正在回看着过去。

光线每秒钟传播 300 000 千米，这非常快，但是由于它从一个物体传到你的眼睛，你正在看的物体实际上是光离开它时的形象——你正在回看着过去。

光传播那么快，对于近旁的物体来说，时间的延迟真是微不足道（对于一个相距 1 米的物体大约只有 10 亿分之一秒），但是物体离得越远，光线传播花费的时间越长，你能回看的时间更久远。

来自太阳的光线必须穿越 1.5 亿千米的距离才能到达地球，进入我们的眼帘。所以我们看到的是约 8.4 分钟之前的太阳。

肉眼能见的最遥远的恒星之一是仙后座里的 V 762 Cas。它远达约 1.54 亿亿千米，即 16 308 光年，这表明我们看到的这颗恒星是超过 16 000 年之前的那颗（当光线从这颗恒星出发之际，我们人类还在石器时代的中期）。

当你使用望远镜时，这一时间延迟更超乎寻常。现代望远镜能够看到的最远距离的天体是 GRB 090429 B，这是位于 132 亿光年之遥的一个 γ 射线暴。

大爆炸的回声

宇宙的第一张婴儿照片

这是通过欧洲空间局的普朗克飞船看到的宇宙微波背景（CMB）辐射。这回溯到大爆炸之后的约 38 万年，这代表宇宙的第一缕光线。当宇宙冷却到相当程度，氢和氦的中性原子足以形成，而光线能首次在宇宙空间毫无阻碍地穿行时，它被释放出来。

CMB 图显示出对于早期宇宙平均温度的偏离。虽然颜色的差异乍上看上去对比强烈（蓝色较冷而红色较热），实际上它们代表的温差小于亿分之一度。

大爆炸	粒子形成	宇宙微波背景（CMB）	黑暗时期（第一批暗物质结构）	第一批恒星和活动星系
138.2 亿年之前		大爆炸之后 377 000 年		2 亿年

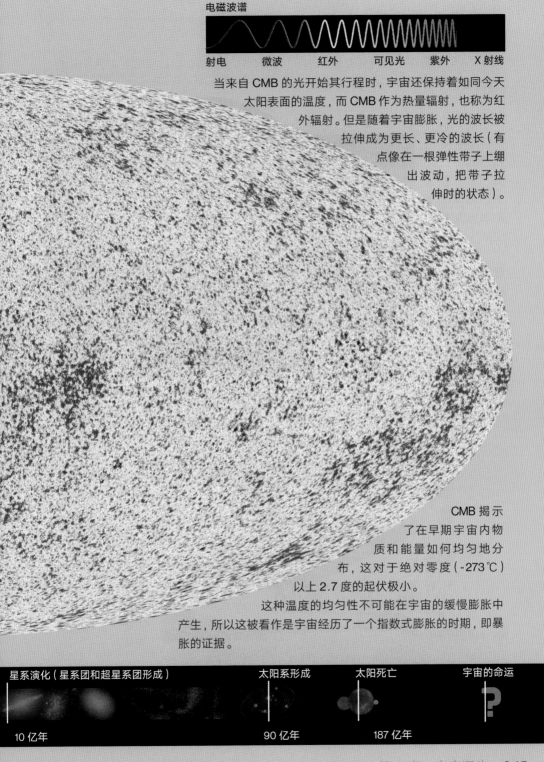

电磁波谱

射电　　微波　　红外　　可见光　　紫外　　X射线

当来自 CMB 的光开始其行程时，宇宙还保持着如同今天太阳表面的温度，而 CMB 作为热量辐射，也称为红外辐射。但是随着宇宙膨胀，光的波长被拉伸成为更长、更冷的波长（有点像在一根弹性带子上绷出波动，把带子拉伸时的状态）。

CMB 揭示了在早期宇宙内物质和能量如何均匀地分布，这对于绝对零度（-273℃）以上 2.7 度的起伏极小。

这种温度的均匀性不可能在宇宙的缓慢膨胀中产生，所以这被看作是宇宙经历了一个指数式膨胀的时期，即暴胀的证据。

星系演化（星系团和超星系团形成）　　　　太阳系形成　　　太阳死亡　　　　　宇宙的命运

10 亿年　　　　　　　　　　　　　　　90 亿年　　　187 亿年

宇宙暴胀和 CMB

　　人们认为在宇宙微波背景（CMB）里看到的温度变化可以解释为量子不确定性。随着宇宙暴胀，这种起伏也随之膨胀。

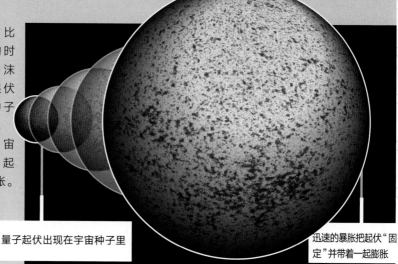

　　当宇宙比质子还小的时候，量子泡沫里的能量起伏已在宇宙种子里打下烙印。

　　随着宇宙暴胀，这种起伏也随之膨胀。

量子起伏出现在宇宙种子里

迅速的暴胀把起伏"固定"并带着一起膨胀

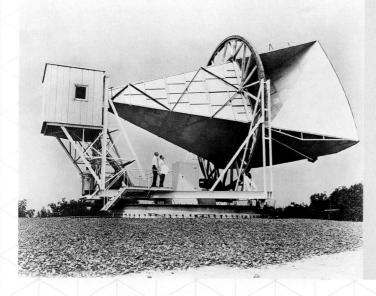

　　位于新泽西州霍姆德尔的角状天线，又称"大角状天线"，彭齐亚斯和威尔逊用来"偶然地"发现了宇宙微波背景（CMB），即大爆炸后的辐射余辉。

CMB 被天文学家阿诺·彭齐亚斯和罗伯特·威尔逊于 1964 年用大角状天线（一种形状像巨型助听集音锥的射电望远镜）首次发现。他们在测试望远镜的时候，监测到一种奇怪的、基本稳定的微弱噪声，他们既无法解释，又不能消除，当他们被这种"故障"弄得日益烦躁不安的时候，发现有一个鸽子家庭落窝在天线里。他们以为噪声是鸽粪造成的，便把它们清除掉，（据说但有待证实）还射杀了鸽子。但是噪声依然固我，拒绝离去。

就在当年，两位率先提出存在宇宙微波背景的物理学家罗伯特·迪克和乔治·伽莫夫"沆瀣一气"认识到这种捉摸不定的噪声是来自大爆炸的射电信号。1978 年彭齐亚斯和威尔逊因发现 CMB 而获得了诺贝尔物理学奖，其实他们对此既没有搜寻也没有认识，可是迪克和伽莫夫却什么也没有得到。

起初，CMB 的发现被认为是对大爆炸学说的有力验证，但是不久就暴露出一个问题：它实在是太完美了。早期的测量显示，不论你向天空哪方看去，背景辐射的均匀性无可挑剔。但是大爆炸学说预言，只要宇宙是在一次巨大的爆炸中诞生的，早期宇宙中的物质的分布应该是不均匀的（就像爆炸中四散飞溅的碎块），因而背景温度也处处不一样。均匀的 CMB 标志着大爆炸火球也极度均匀，这看起来是不可能的。

还有更糟的是，如果要说辐射是极度均匀的，整个标准模型将难以立足，因为真是没有一点不规则性（物质稍显稠密的星星点点），那么也就没有恒星和星系赖以生根发芽的种子，从而你，亲爱的读者，也将不知所处。

幸而你（和其他的宇宙万物）确实存在着，随着仪器更加灵敏，已经探明 CMB 并不像当初所显示的那样非常均匀，在背景辐射上的确存在微小的疵点。但是大爆炸学说并没有脱离困境：它不能解释为什么背景辐射是如此地"近乎"完美。温度如此地平滑就像表明了宇宙在某种程度上践踏了物理学上最牢不可破的一条定律 —— 光速不可超越。

视界之外的星系

　　这里有两个遥远的星系。两者从地球看去都能看到，但是它们彼此却看不到。这是由于宇宙年龄只有 138 亿年，而光线要有足够长的时间在它们之间穿行。如果光线没有时间完成旅行，自然也不会有任何信息。例如，由于太阳与地球的距离是 8.4 光分，设想太阳突然消失，那么我们将不可能在它消失后的 8.4 分钟之内察觉这一事件。

　　宇宙的大规模膨胀在各个方向上绝无偏差，但是被那么长的距离分隔开的空间区域怎么"知道"在确切相同的时间去实现确切相同的温度呢？

　　现在有必要引进物理学家喜欢使用，但是你我在文雅的谈吐中可能从未用过的一个词：熵。熵是自然界力图达到的一种均衡状态。它的基本意思是：一个有序的能量系统天生是不稳定的，既然如此，它就会成为无序状态去寻求稳定（竖立在一端的一支铅笔是具有势能的有序系统，因而是不稳定的，它将由于熵而"衰变"，即通过消耗能量而跌倒）。

　　同样的情况对于温差也成立。如果你把一杯温度 70℃ 的热咖啡放在室温 20℃ 的厨房里，咖啡里有序的能量将发散到房间里，直到温差抹平，达到熵值最大，这正是热力学第二定律所描述的。

　　正如大爆炸学说起初预言的，宇宙到处存在不均匀，有的区域稍热，有的区域稍冷，如果真是这样，它的表现就将像厨房里的这杯咖啡，能量从温度较高的地方流向较低的地方，直到从宇宙的这一处到另一处，处处温度相同。

这就是 CMB 真真切切地告诉我们的一切，那么还有什么问题呢？

问题在于随着宇宙年龄的增长，恰恰没有足够的时间让能量均匀分布。请顺着这条思路思考。设想有两个空间区域相对于我们位于相反的方向，各与我们相距100 亿光年。它们之间相距 200 亿光年，然而它们显示几乎完全相同的性质：相同的背景温度，相同种类的星系，更以相同的方式分布。

光线（也就是能量）必须花费 200 亿年穿越它们之间的距离，可是宇宙的年龄才只有 138 亿年，光线没有充分的时间完成这次旅行。

这个问题的解在于宇宙暴胀。只有当宇宙非常小，反向两边的区域才能相当靠近，足以交换热量。再则，宇宙开始膨胀时一定比较慢，否则就没有足够的时间使温度均匀。

然而，如果宇宙一直以这种松松垮垮的步调膨胀，它就怎么也到不了今天的大小。我们要有正好这样大小的宇宙和正好这样的温度，就得等待宇宙有时间变得均匀并给我们能量上的"外快"（由大统一的力瓦解而释放的能量）。

但是 CMB 并没有停止它的恶作剧 —— 它还在那里依然故我。随着望远镜的灵敏度得到改进，我们能够获得微波背景的越来越精确的读数，这就出现了另一个问题：现在温度并不是足够均匀的！

大爆炸轻轻插手电视

在数字电视问世以前，一只未调好频道的电视机屏幕或收视讯号不良的屏幕，将呈现由天电噪声产生的跳动的黑白图像。但是当这个倒霉的收视者手忙脚乱地试图把他的屏幕调试到能收看精彩的比赛时，他可能不会意识到的是约有 1% 的天电干扰来自于 CMB。来自大爆炸的光，穿行了超过 130 亿光年的距离，扩展到无线电波段，被电视天线接收，并转化为电视噪声。这一宏伟的旅程却产生了惹人生厌的结局。

进入量子泡沫

探测宇宙微波背景的最新望远镜是欧洲空间局的普朗克空间望远镜。这架望远镜为纪念德国理论物理学家马克斯·普朗克而命名，用于深入细致地测量 CMB，在最大程度上证实大爆炸学说是对宇宙起源的最好解释。它把宇宙年龄从 137.3 亿年矫正为 138.2 亿年，优化了构成宇宙的正常物质、暗物质和暗能量的测量值（神秘的暗能量和暗物质更多了些），普朗克于 1918 年因他对量子理论上的贡献而获得诺贝尔奖。

2013 年，这艘飞船产生了迄今最详尽的 CMB 图，从而揭示了最简单的宇宙暴胀模型并不十分合适。普朗克望远镜证实了它的不太灵敏的前任（指美国于 1987 年发射的 COBE 卫星和于 2001 年发射的 WMAP 卫星 —— 译注）已经触及的情况：宇宙原来并非绝对均匀，有许多温度起伏，这是宇宙暴胀不曾预言的。

幸好物理学家不必从他们的量子魔法的宝葫芦里挖得太深，便掏出了一个解决问题的妙方。

按照所谓的量子不确定性理论，我们所认为的真空其实并非一无所有。如果你的视线能进入原子的范围并看到最小的量子尺度的空间，你的目光便会遇到称为"量子泡沫"的东西。

量子泡沫是时空的理论基础（参阅第 3 章第 64—65 页）它是构筑宇宙结构的

如果你认为粒子很小

你若想体验量子泡沫，就得把自己蜷缩进所谓的普朗克长度里去，普朗克长度得名于量子力学之父马克斯·普朗克，是尺度的最小极限 —— 没有什么东西比这更小或更短。

普朗克长度实在太微小，如果你每秒以它为长度跨出一步去度量一个原子的直径，那么你将要花长过宇宙年龄 1000 万倍（10 000 000 × 13 800 000 000 年）的时间，才能走到尽头。

组织。在这一尺度上，物质和能量会难以置信地"卟嚓"从无到有生成微小粒子沸腾不息的泡沫，它们从宇宙借得能量，骤然脱颖而出，然后又倏忽回归，转化为能量。

粒子的这种"摇鼓冬"游戏对于今天的宇宙已没有明显的冲击，但是回溯到它比原子还小的时期，这些微小的变化确实很大（就像一滴雨水对于一只跳蚤来说很大）。

量子起伏在宇宙暴胀的那一刻出现，并随着宇宙的膨胀而膨胀，从那时起在CMB上落下印记（真像在一只瘪塌的气球上印上一些小点子，然后吹胀气球，这些小点子随着宇宙的暴胀而变得很大）。

对于理论工作者来说它们可能有些棘手，但是从整体上来看，这些温度变化实在是大好事。它们反映了物质密度和分布的差异（物质越多，温度越高），它们在暴胀结束时给宇宙打上印记，这将是贯穿本书下文叙述的关于宇宙蓝图的内容。所有那些密度稍高的区域正是比其周围有略大的引力，于是它们形成了引力的种子，在它们周围物质慢慢积聚，产生了第一批恒星和星系，虽然这个过程经历了约4亿年。

但是，这时我们的宇宙几乎陷入了黑暗。

令人啼笑皆非的是，就在稳定的原子从超热的等离子体云里产生，第一缕光（即CMB）向宇宙扩散之际，宇宙又重新一下子沉沦进黑暗之中。烈焰滚滚的等离子云已经熄灭，可是还没有恒星向天空放射新的光芒，这个天文学家称为"黑暗时期"的时代开始了。宇宙将停留在寒冷、黑暗和死气沉沉中，经历随后的数亿年。

在我们等待事情发生转机的时间里，让我们抽空来了解作为建筑材料的粒子（和把它们结合起来的基本作用力），我们将用它们来构建宇宙。

我们讲述的宇宙发展史将在第4章继续，请接着往下看。

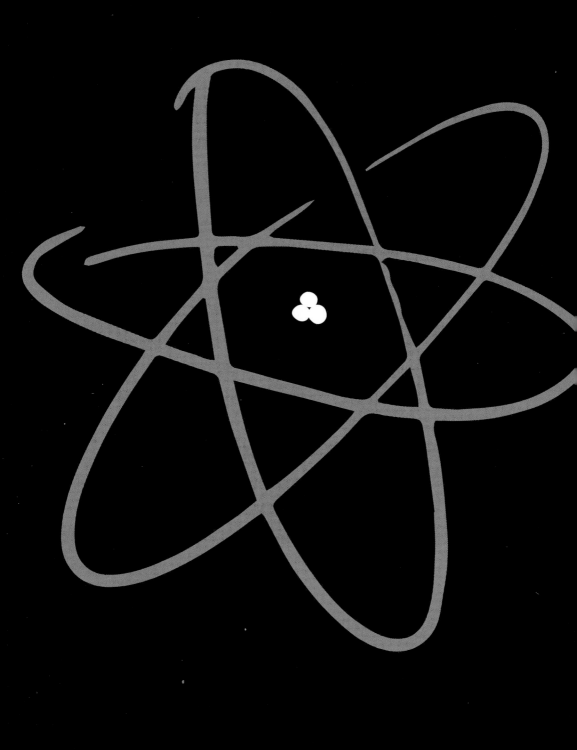

第3章 我们怎样发现原子

　　在这一章里我们围坐在宇宙营火的四周，讲述如何发现构建宇宙材料的原子，而且原子竟然那么奇特，远超乎任何人的想象……

显然，宇宙是透明的，光子携带着辐射，即大爆炸的余辉（CMB）正在开始它们的几乎 140 亿年的旅程投向我们的望远镜。在随后的几亿年里将不会有任何新的光子产生，所以在光重新闪耀之前，我们有一丁点儿时间可以消磨。

在 20 世纪早期电视发明之前，人们习惯相互侃大山来度过黑暗、冷清的夜晚，那么就让我们聚集在正在熄灭的大爆炸的灰烬下，听我讲述人们发现原子的故事……

不可分割的原子

原子的故事开始于公元前 5 世纪的古希腊。一位身穿短袖束腰长袍的思想家德谟克利特提出了一种想法，认为物质是由无数称为"atomos"，意即不可分割的微小粒子构成的。这种现在称为原子的粒子不能被破碎，因为没有比它们更小的东西成为它们的碎块。

在后来的 2000 年左右的时期里，没有人提出更多的设想，原子长期不为人知。17 世纪，在欧洲的舞台上原子曾再度昙花一现，那时爱尔兰化学家罗伯特·波义耳认为气体是由分离较远的原子组成的。18 世纪时，原子又再度冒头，那时法国化学家安东尼·拉瓦锡编制了首张化学元素表。

19 世纪早期，英国的物理学家兼化学家约翰·道尔顿建立了原子学说，道尔顿的原子与古希腊人的原子一样，但是他进一步主张不同元素是由不同大小的原子构成的，而元素能够结合成更复杂的化合物。计算一些化学元素的原子量并引进化学符号体系，他是做这些认真尝试的第一人。

几十年后，在俄罗斯，一位化学教师德米特里·门捷列夫着手称量化学元素。

当时，人们习惯于把元素或者按它们的原子量分组或者按与何种元素反应归类，但是门捷列夫深信它们一定具有某种深藏不露的秩序。他花了超过13年的时间自己搜集资料并与全世界的科学家通信。当他感到解开谜题已胜券在握时，他把每种元素的名字和它的原子量写在一张张卡片上，并尝试为它们排序。他花了三天三夜，专心致志地玩他的"化学单人纸牌"，终于编制成一张按元素的原子量排列的表，并把元素组合成9族（例如气体、金属、非金属），于1869年他公布了元素周期表。

门捷列夫的周期表革新了我们对原子性质的理解，并拉开了那张舞台大幕，那里原子理应受到万众瞩目：量子力学的舞台。

接下来的一大步发生在1897年。英国物理学家约瑟夫·约翰·"J. J."

原子球

公元前5世纪

德谟克利特（公元前460—前370）

德谟克利特认为原子是固态的不可分割的球。

……到了19世纪早期

道尔顿（1766—1844）

+
氧　氢　氢
=
水

道尔顿坚持原子的"球状"模型，但提出不同元素的原子大小各异。他还主张不同元素能够结合形成化合物。

汤姆逊，试图澄清阴极射线的性质，这是由真空管的阴极（即电导体的负极）发射的神秘"射线"。当他应用正电荷时，他注意到射线被吸引过去，这意味着它们带有负电荷。

但是，他计算出它们的质量并发现它们比最轻的原子（氢）更轻，质量只及后者的1/1800，这时真正的突破来到了。既然它们这么小，它们一定来自原子内部：不可分割的原子竟然是可以分割的。

汤姆逊称这些负荷电的微小粒子为"电子"，并把它们结合进革命性的新原子模型中去。他知道原子是中性的（整体上不带电），所以为了抵消负电荷，他设想原子是一种荷正电的云，里边散布着点点电子，就像葡萄干布丁里的一粒粒葡萄干。

虽然汤姆逊因发现了电子而获得了诺贝尔物理学奖，但是他的葡萄干布丁原子模型却只存世了约 10 年。

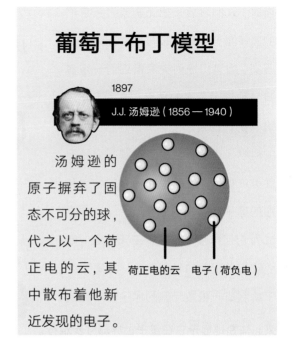

葡萄干布丁模型

1897

J.J. 汤姆逊（1856 — 1940）

汤姆逊的原子摒弃了固态不可分的球，代之以一个荷正电的云，其中散布着他新近发现的电子。

荷正电的云　　电子（荷负电）

微观世界里的太阳系

1909 年，一位新西兰出生的物理学家欧内斯特·卢瑟福在检查他的两名学生完成的实验结果时，发现了汤姆逊原子模型的缺陷。这两名学生汉斯·盖革和欧内斯特·马斯登的实验是向一片金箔用荷正电的粒子轰击，观测其辐射。根据汤姆逊的原子模型，他们本来以为发射出去的粒子会毫无阻碍地穿越荷正电的原子"云"，因为虽然"云"荷着正电，应该十分弥漫，足以让较重的粒子穿透它。

事实上，尽管他们看到了许多粒子确实通过了原子"云"，可是有一些方向偏转，还有很少数反弹了回来。

这让卢瑟福得出结论：正电荷不是弥散在包含电子葡萄干的布丁里，原子应该拥有一个正电荷极度集中的中心。他提出核是由叫作质子的一个个分立的质点构成的，他把汤姆逊的电子放到围绕核的分散的轨道上去，就像行星环绕太阳。

在卢瑟福的新行星模型下，人们认识到原子的结构几乎整个儿是空的，其大部分质量集中在微小的核里。但是问题来了：是什么阻止了荷负电的电子被拉到荷正电的核中去？

为了自圆其说，卢瑟福到经典牛顿力学的锦囊里去掏宝，他提出，正如行星受太阳引力加速在轨道上运动，电子也必然经受加速，环绕核转圈，从而阻止了它们从轨道上跌落。

很可惜，虽然牛顿力学这老古董在宏观世界畅行无阻，但是随着岁月流逝，越来越清楚地显示它在量子世界却寸步难行。

核有多大？

如果你把原子比作如地球的大小，那么核就只有一个足球场的大小：原子的其余部分一无所有。

现在量子力学的奠基者之一尼尔斯·玻尔走进了故事。玻尔是丹麦物理学家（前足球运动员），看到在卢瑟福别具匠心独创的原子模型里存在量子的瑕疵。他想到了杰出的苏格兰物理学家詹姆斯·克拉克·麦克斯韦前一世纪在电磁学方面的工作。麦克斯韦证明，当电荷被加速时，便会通过辐射而丢失能量（这正是 X 光机应用的原理）。

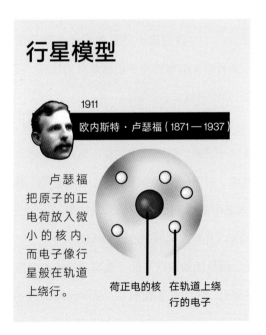

行星模型

1911

欧内斯特·卢瑟福（1871 — 1937）

卢瑟福把原子的正电荷放入微小的核内，而电子像行星般在轨道上绕行。

荷正电的核　　在轨道上绕行的电子

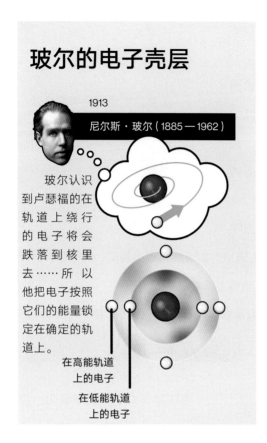

玻尔的电子壳层

1913

尼尔斯·玻尔（1885—1962）

玻尔认识到卢瑟福的在轨道上绕行的电子将会跌落到核里去……所以他把电子按照它们的能量锁定在确定的轨道上。

在高能轨道上的电子

在低能轨道上的电子

玻尔认识到卢瑟福的正在加速的电子会因此而失去能量，并迅速掉落到核里去，既然这种情况没有发生，那么一定有另外某种因素在牵制着原子里的电子。

1913 年 3 月 6 日（参看第 50 页"如果你认为粒子很小"）玻尔给卢瑟福写信解释了他对行星模型的修正。玻尔根据马克斯·普朗克在 1899 年证明的工作，即事物运动或被分割的距离在量子水平上有一定限度（小于这个最小距离不能被分，这称为普朗克距离），他提出电子按照它们的能量限定在确定的轨道上。

具有最小能量的电子占据最低的轨道（再有没有比这条轨道更低的了），具有最大能量的电子占据最高的轨道，它们只能在这些轨道即壳层之间运动，这时它们获得或失去能量。

这也解开了关于原子的另一个谜团。科学家早就注意到，当一个原子被加热时，它以一定的量发出辐射，而没有人能解释这一现象。然而玻尔的模型做到了，这就是说，当原子被加热时，它的电子获取能量，把它们一起激发起来，导致它们"跃迁"到能量更高的轨道上（量子跃迁这个术语即来源于此）。当受激发的电子平静下来的时候，它（以光子的形式）发射一份能量，并落回到原来的低能轨道。

电子就这样终于放到了本来的位置上，但是还有被这个原子模型忽略的某个方面，这方面确实没有包含在内。卢瑟福注意到，在大多数情况下，化学元素的原子数（质子的数目）大约只及整个原子量的一半，看来有某种额外的东西"隐藏"在原子里。

1920 年，他提出这种额外的东西可能是还未发现的粒子，它有与质子相近的质量，但是与质子带电荷不同，它完全不具有电荷，是中性粒子，不至于干扰质子与电子之间正负电荷的平衡。卢瑟福称他假设的粒子为中子。

搜寻中子的工作开展了，发现它的人正是卢瑟福的助手，英国物理学家詹姆斯·查德威克。

中子不带电荷，因此相当难于定位。幸好在欧洲的一系列发现正像落在地上的一串面包屑，让查德威克循踪而至，找到了中子。

1930 年，德国的研究人员发现，如果你用 α 粒子（我们现在知道这是一种包含两个质子和两个中子的粒子，就像一个氦原子，但是没有电子）轰击元素铍，会发射出一种奇怪的中性辐射，它能穿透物质。查德威克深信这种中性辐射正是卢瑟福忽略了的中性粒子。

法国人的实验证明，当把石蜡放在中性辐射的路径上时，它会从

周期表的麻烦

快速浏览一下周期表就会看出许多元素的原子数小于其原子量的一半。

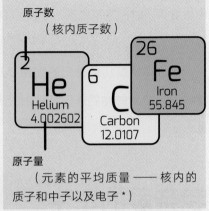

原子数
（核内质子数）

原子量
（元素的平均质量 —— 核内的质子和中子以及电子 *）

* 基本上等于质子和中子的全部个数（包含电子的微小质量）
卢瑟福认识到一定还有额外的东西"隐藏"在核里。

分割原子核

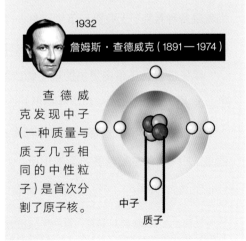

1932
詹姆斯·查德威克（1891 — 1974）

查德威克发现中子（一种质量与质子几乎相同的中性粒子）是首次分割了原子核。

中子

质子

石蜡的原子里"敲"出质子来。在查德威克看来，这证实了有粒子在起作用。

他推断只能是一个粒子才会从原子里击出另一个粒子来。设想石蜡的粒子像打落袋游戏里的一袋球。当你一棒打中球袋时，有几个球被打出而四散滚动，这正像质子从石蜡里被击打出来。

查德威克重复了石蜡实验，不仅证实了中性辐射确实是粒子，而且通过跟踪被击出的质子的径迹和能量，勾勒出这种质点的质量应与被它驱赶出的质子的质量大致相同。

就这样经过几个世纪的勤探细觅，科学家终于构建出一个精确的原子模型。原来不可分割的物质球已经被剖分为质子、中子和电子的动力系统，但是并未到此为止。

我亲爱的华生，
请看这些基本粒子①

在随后的几十年里，原子被进一步分割为作为各种构件的神通广大的粒子。它们就是各种夸克：上夸克和下夸克 —— 质子和中子是由这两种夸克的不同组合构成的 —— 以及几种质量更大的亲属：它们有稀奇古怪的名字，如粲夸克和奇夸克。

电子被确认不是由更小的粒子构成的，它还有些较重的表兄弟结伴：μ 子和 τ 子。每一种基本作用力（电磁作用力和强、弱核作用力）都与一定的粒子对应。

后来物理学家发现每一种粒子都有自己的反粒子，一对正反物质的孪生兄弟在质量上相等，但是其他各方面都相反。

---

① 华生医生为英国作家 A. 柯南·道尔著《福尔摩斯探案（全集）》中的人物，小说中福尔摩斯的破案能力常让华生医生惊讶不已。当人们认为问题容易解决时，福尔摩斯说："简单，我亲爱的华生。"此标题拟大侦探福尔摩斯的口吻。英语中"elementary"，既有"简单"义，也有"初等""基本"义。——译注

在上世纪 30 年代中期，看来物理学已经到达了分割再分割的极限。物理学家把原子分割为它的最小组分，称为基本粒子，环绕这些物质的构件，他们建立了理论框架描述它们如何动作和相互作用，这叫作粒子物理学的标准模型。

原子的基本模型尽管也不断改进，但几乎没有改变。时至今日，从其被提出以来一个多世纪过去了，卢瑟福和玻尔的模型还是在全世界的教室里讲授着，在无数的科学书籍（例如本书）里引用着。它简单而精致，往往使人感到好得难以置信。这不是故作惊人之语，因为事实就是这样。

原子的奇境

我们被教室里的原子模型深深吸引，因为它能符合我们的常识。它是由一些较小的球壳构成的球体，周围环绕着一些固定在球壳上的小球。我们容易想象，这些小球束缚在一起，也容易描绘它们的行为，像微小的台球相互碰撞并置换位置。然而事实上这只是一种比喻的说法，是一种程式化的想象，把原子设想成符合于我们日常所见的现实。实际上你所了解的这种原子是不存在的。

发现原子的故事也是科学的这一新分支如何产生的故事，这个分支学科十分离奇又违背直觉，使

下转 68 页 ➡

测不准的原子

1927
维尔纳·海森堡（1901—1976）

海森堡以存在概率不确定的云取代了作为绕行质点的电子。

电子云

在这个概率云里，在同一瞬间电子存在于一切位置，所在区域取决于其存在概率的高低。海森堡的测不准原理（参阅第 66—67 页）说，只有当我们试图测量电子在云里的位置时，它才会"决定"在何处出现。

作为建筑材料的粒子

构建粒子的小材料

根据粒子物理学的标准模型，原子是由粒子构成的，而这些粒子又由基本粒子构成。

所以让我们把基本粒子看作某种建筑材料，就像我们比较熟悉的乐高（其他种类的拼搭玩具也可用）。

这是迄今我们已经了解的原子：

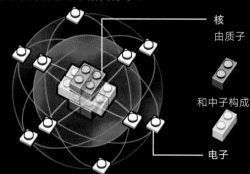

核
由质子

和中子构成

电子

夸克   胶子

电子是基本粒子，所以它不是由更小的材料构成的，但是质子和中子是由称为夸克的基本粒子构成的。

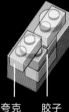

质子由两个上夸克和一个下夸克构成

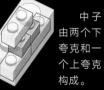

中子由两个下夸克和一个上夸克构成。

夸克通过胶子结合在一起，胶子是力的携带者（玻色子），我们将在稍后说明。

粒子的神殿

基本粒子分为两类：夸克和轻子。所有物质是由（上、下）两种夸克和叫作电子的轻子结合构成的。

夸克

· 宇宙中的一切物质都是由上、下夸克结合而成的。
· 由夸克组成的所有粒子称为强子[①]（ hadron ）（来自于希腊语"重"）。
· 质子和中子也称为重子（ baryon ）。
· 夸克呈现为有 6 种"味"，不同的味有不同的性质和质量。

轻子

· 最熟悉的轻子是电子。
· 轻子不是由夸克构成的（即确实不是由更小的东西构成的）。
· 有两种称为 μ 子和 τ 子的"重"轻子。

· 另一种轻子是中微子 —— 一种神秘的、几乎没有质量的粒子，它们几乎不与物质相互作用。

玻色子（力的载体）

· 玻色子是粒子的信使，它们告诉另一个粒子如何用基本作用力（强作用力、弱作用力、电磁作用力和引力）去相互作用。

胶子

· 这种粒子传递强核作用力，而且其作用是使夸克结合在一起形成质子和中子。

光子

· 这种微小的能量载体携带电磁作用力，这种力作用于一切带电荷的基本粒子。

W 和 Z 粒子

· 这些粒子传递弱核作用力，其作用是使放射性衰变发生。

希格斯粒子

· 这种粒子表征希格斯场，而希格斯场把质量赋予夸克和轻子。

引力子

· 这是一种理论上预言的粒子，它（如果存在的话）的作用是携带引力。

我们将在下一章中会见各种基本作用力和它们的载体。

[①]在量子力学中，把有整数倍自旋的强子称为介子，把具有半奇数倍自旋的强子称为重子。——译注

物质

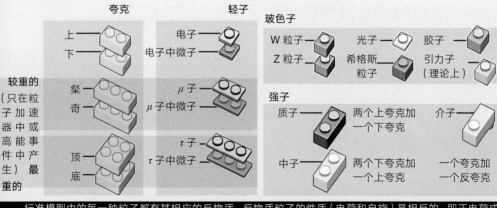

夸克
上
下
粲
奇
顶
底

轻子
电子
电子中微子
μ子
μ子中微子
τ子
τ子中微子

玻色子
W 粒子
Z 粒子
光子
希格斯粒子
胶子
引力子（理论上）

强子
质子 —— 两个上夸克加一个下夸克
中子 —— 两个下夸克加一个上夸克
介子 —— 一个夸克加一个反夸克

较重的
（只在粒子加速器中或高能事件中产生）最重的

标准模型中的每一种粒子都有其相应的反物质，反物质粒子的性质（电荷和自旋）是相反的，即正电荷成为负电荷，负电荷成为正电荷，中性粒子保持中性，但是其他性质相反。

反物质

所有玻色子都是其本身的反粒子，只有 W 粒子除外。

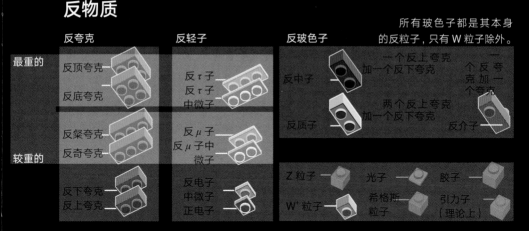

反夸克
最重的
反顶夸克
反底夸克
较重的
反粲夸克
反奇夸克
反下夸克
反上夸克

反轻子
反τ子
反τ子中微子
反μ子
反μ子中微子
反电子中微子
正电子

反玻色子
Z 粒子
光子
胶子
W' 粒子
希格斯粒子
引力子（理论上）

反中子 —— 一个反上夸克加一个反下夸克
反质子 —— 两个反上夸克加一个反下夸克
反介子 —— 一个反夸克加一个夸克

术语系统不自洽吗？

给各种粒子的命名会造成一些混乱。

· 初等（elementary）粒子有时指称基本粒子。

· 由夸克构成的粒子统称为强子，但有时又称为重子。

· 但并非所有的强子都是重子 —— 由一个夸克和一个反夸克构成的强子称为介子，而它们并非重子。

· 夸克和轻子统称为费米子。

· 费米子也能包括如质子这样的强子。

幸好，实际上这并没有困扰我们，我们最常用的是质子、中子、电子和光子，以及较少用的如夸克这类名词，偶尔也用上几个夸克和一点儿反物质。

冰山一角

在这一页上有许多粒子要去把握，但是这些标准模型中的"标准"粒子只是冰山一角。

从标准模型推导出超对称性，由此推断每种基本粒子都有一个"孪生兄弟"（即联手搭档）粒子。如果它们存在，这种超级粒子（即超子）的质量比它们标准模型中的兄弟要大得多。

離奇的宇宙，来自科学的奇异性一面

量子奇异性

一个粒子怎么既能是波又能是粒子

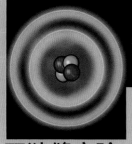

量子力学的世界真是莫明其妙、离奇古怪和难以理解。它的内容与我们在宏观世界里了解的知识和预料的结果大相径庭，其中许多会把人扰得晕头转向、满脑糨糊。这样，在开始往脑袋瓜塞进糨糊之前，我先给你们讲讲波粒二象性。

我们在学校里学习物理学的时候，学到粒子像极渺小的台球，即微小的、球状的物质载体，它们构成了我们周围的世界。但是真实情况较之远为奇特。让我们从一个著名的实验开始：

双狭缝实验

1 这是当你将光的粒子（光子）通过一条狭缝投射到一张纸上时会发生的事情。

单缝

粒子

单线

正如你曾预料的，它们通过狭缝，在探测器的背面留下一条竖直的印记，正像你发射一束弹子通过它。

2 那么，如果你再添上第二条狭缝又会怎样呢？你会料想粒子在纸背上留下两条平行的直线。真是这样吗？就请看实际上发生了什么吧……

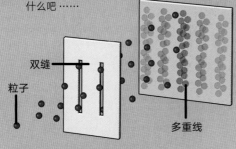

双缝

粒子

多重线

不再是两条线了（虽说你的宏观头脑曾这样预料），而是有许多条线。这怎么可能呢？

3 这种情况唯一的解释是当一个波通过两条狭缝时，它扩散成两个波阵面，于是相互叠加。

当两个波互相抵消时形成暗条。　当两个波加强时形成光点

就是粒子的行为像波动。

波

当一个波的波峰遇到另一波的波谷时，它们相互抵消，而当两个波峰相遇时，它们相互加强，这样便在纸背上产生干涉图像。这与粒子留下的线条相同。

双缝

4 还有更离奇的。如果你在一瞬间只发射一个粒子通过两条狭缝，你还会得到干涉图像。

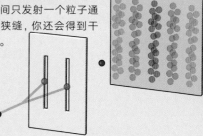

这就说明每一单个光子一定同时通过两个狭缝，然后它们像波一样自己与自己发生干涉。

尼尔斯·玻尔
（因创立量子力学获得诺贝尔奖）

"如果有人说他能够思考量子物理学而不至于晕头转向，

那么只能说明他连皮毛也没懂得。"

欧文·薛定谔
（因创立量子力学获得诺贝尔奖）

"我不喜欢它，我很抱歉我曾经为它做过些什么。"

理查德·费恩曼
（因创立量子电动力学获得诺贝尔奖）

"我想没有人理解量子力学，这么说不会有错。"

波粒二象性

一个单个粒子能同时穿过两条狭缝，因为在量子水平，物质并不以确定的状态存在，而是存在于叫作波函数的"概率"云中。

波函数是德国的物理学家欧文·薛定谔创立的（他因设想箱子里或死或活的猫而闻名）。其基本思想是，粒子并非人们所认为的是确定的质点，更是波可能扩展到的空间区域。

5 如果你并不感到有多少奇怪，那么就让我们在狭缝后面装上一只探测器，每当有粒子通过任一狭缝时，它会发出"嘟"的一声。

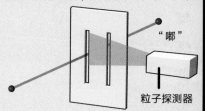

"嘟"

粒子探测器

背面的探测器将会测知每个粒子只通过一条狭缝，并将只会有两条线。正如前面的实验，但是这次没有干涉图像。

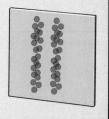

换句话说，当我们要探测类波性质时，光子的行为像波。但是当我们要探测类粒子性质时，光子的行为像粒子。

可以这么说，如果让光子自行其是，那么它的状态既是波，又是粒子。观察粒子的措施迫使它"选择"表现这一面！

量子力学所描述的粒子就像一个不受监管的儿童，随心所欲地、不分场合地行动，只有父母（即其他宏观观察者）采取措施抓住它的那一瞬间，它才循规蹈矩。

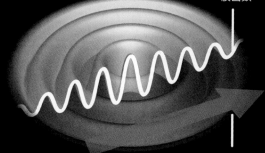

波函数

传播方向

粒子波像一切波一样会向广阔的区域扩展，所以它没有确定的位置（波峰和波谷是粒子占据的概率增大的区域），但是，它是有方向的，这就是传播的方向。我们能够知道波传播的方向，但是我们无法知道粒子的位置。

同样，如果我们测量粒子的位置，则波函数塌缩，我们就不再能测得波的传播方向。这种不能同时测量粒子的所有性质的规则，称为海森堡测不准原理。

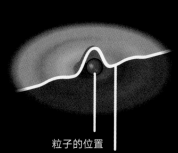

粒子的位置
所有其他概率消失且波函数萎缩

虚粒子

穿越时间的电子能在一无所有中做某些事情

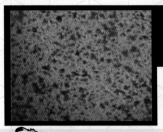

第 50 — 51 页，我们曾经谈到某种称为量子泡沫的东西，在那里"物质和能量会难以置信地'卟嚓'从无到有生成"。这里来说明到底发生了什么……

如果你以为波就是粒子，这很荒诞，那么请准备好再次面对量子精灵那令人头晕目眩的把戏。这套理论来自美国物理学家（也是邦戈鼓鼓手）理查德·费恩曼的杰出头脑（也有来自阿尔伯特·爱因斯坦和维尔纳·海森堡的些许帮助）。

1 第一步 爱因斯坦

相对论告诉我们，空间与时间密不可分地联结在一起（时空），因而你穿越空间越快，你经过的时间就越慢，如果有人以接近光的速度运行，那么他经历的时间与一个固定不动的观测者（相对于运动者）相比要短。

理论上设想那人能比光更快地运行，（再次在观测者看来）他们觉得在时间上往回倒退（这就是光速被认为宇宙中不可逾越的速度极限的原因）。

2 传递到海森堡

正如我们所见，海森堡的测不准原理告诉我们，粒子以各种状态存在，在同一时间能有各种表现，只有当我们测量它时，它的行为才受到约束，并被迫表现为单一性质。

测不准原理相当于说"如果你不能看到某一事件发生，那么任何事件都可能发生"。这对于粒子为真，对于空间的"真空"也为真。

你观察某一事件的时间间隔越短，你能确定发生了什么的程度就越低。

在量子物理学里，有一个最短的可测量时间间隔，叫作普朗克时间。根据定义，在这一时间内发生的任何事件都是不可测量的。那么测不准原理告诉我们，如果不可测量的，任何事件都可能发生。

3 费恩曼的穿越时间的电子

理查德·费恩曼设想一个电子"嗖嗖"地穿越空间。在其旅程中间，电子以比光还快的速度飞行。为了一目了然，这小不点决定在一个坐标系里（不是极坐标型）运动，坐标轴分别表示空间和时间。

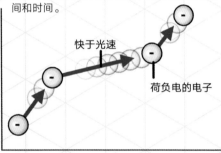

快于光速

荷负电的电子

4

他认为相对论告诉我们对于另一位观测者来说，当电子做超光速运动时，它将表现为在时间上往回倒退，所以他将看到电子在时间上向前运动，然后倒退，再向前。

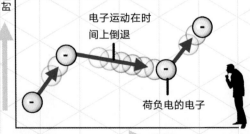

电子运动在时间上倒退

荷负电的电子

空间

5 对于像费恩曼这样的物理学家来说，一个在时间上往回运动的负电荷等价于在时间上向前运动的正电荷。时间上的反转导致电子的性质也反转，荷负电的电子性质反转，就是一个正电子（与电子对应的反物质）。

所以所发生的事件是：

a. 单个电子穿越空间运动

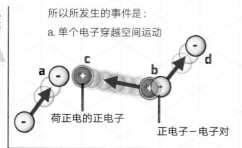

荷正电的正电子

正电子－电子对

b. 在空间的某一点，似乎从真空中出现了一个正电子和一个电子。

c. 正电子遇到第一个电子发生湮灭。

d. 单个电子继续它的行程。

6 所以，虽然你看到一开始只有一个电子，末了也只有一个电子，但是在一个短暂瞬间的确有三个粒子在眼前飞掠而过！

在一个短暂瞬间，存在三个粒子，于是从一无所有里产生了某些东西。

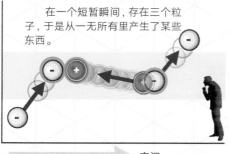

只要在正电子产生和湮灭之间的间隔足够短暂，以致我们不能测量粒子（在普朗克时间里任何事件都可能发生），那么没有规则被违反，这样粒子能够超过光速极限，物质也能从真空中产生。

以这一方式产生的粒子叫作虚粒子。

虚的现实

请面对这一事实，预言某个东西自发出现，按照定义，你不能指望直接测量，看起来就像设想一只封闭的碗橱里藏着几头看不见的大象一样不可思议，但是物理学家已经间接地检测出虚粒子，做法是从可测量的材料里观察它们的效应。

1 这是由一个质子和一个电子构成的氢原子

当一个电子与一个光子结合时它吸收能量，受到激发，并跃迁到能级较高的轨道上。

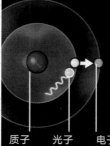

质子　　光子　　电子

它发射光，形成一定频率的序列，这作为光谱是可测量的。

2 物理学家已导出了公式能够预测光被吸收和发射时的频率，但是并不总是有效。有时实测频率与预测频率有微小差异。

3 但是若把虚粒子加入到模型中，这就能平衡了。

当物理学家把短寿命的虚电子和正电子加入系统，光谱预测值就能在十亿分之一的精度上与实测值相符，这在整个科学界是最高的预测精度。

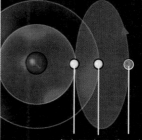

虚电子　电子　虚正电子

这就表明，在任何给定瞬间，带有虚粒子的原子模型比没有的要更精确。

然而听起来可能很奇怪的是，虚粒子确实存在，而且（正如我们将发现的）它们实际上构成了原子质量的大部分。因而，你的体重（和宇宙）的大部分是由虚粒子构成的！

←上接 61 页

创立它的科学家本身无所适从又意见分歧，这就是量子力学。（下面的章节将说明它的一些非夷所思的特点。）

量子力学如何诞生的故事（和它揭示的世界）过于曲折和复杂，不可能在本书中三言两语说清，但是这个故事几乎包容了 20 世纪的每一位科学泰斗。其奠基者的名单读起来就像现代物理学的人物传记：马克斯·普朗克、阿尔伯特·爱因斯坦、尼尔斯·玻尔、欧文·薛定谔、维尔纳·海森堡、沃尔夫冈·泡利、保尔·狄拉克、路易·德布罗意、恩利科·费米和里查德·费恩曼（列出了名字，但只是少数）。

他们的发现足以使他们问鼎一个接一个的诺贝尔奖，使得他们的名字家喻户晓，享有全球声誉。可是他们揭示的世界实在离奇古怪、违背常理，以至于量子力学奠基者之一的薛定谔宣称："我不喜欢它，我很抱歉我曾经为它做过些什么。"

简而言之，在量子力学的世界里，物质以不断变动的状态存在，粒子已不再是简洁的、实体性的小球体，而转化成弥漫的概率云，在概率云里，粒子同时存在（也可能不存在）于一切位置（也可能无一位置）和所有状态（即粒子态或波动态）。在这个世界里，电子可以在时间上倒转回去，物质能够从宇宙"借取"能量，从一无所有中出现，我们只要试图去观察它们，就能够迫使粒子"决定"它们将成为什么（或者它们到底是否存在）。是的，这就是简单的版本。

这个版本所表达的就是，在原子里不再是简单的电子在轨道上绕行，而是代之以概率云，在概率云里电子能出现在任何位置（每个位置或无一位置）。

量子世界无疑是十分奇怪的场所，可是它做出了许多精确的预测，所以（与大爆炸学说和标准模型一起）被认为是科学上最成功的理论之一，也因而它在我们关于宇宙的故事里要扮演一个重要的角色。

然而，在我们能把所有这些构筑物质材料的粒子和它们的量子怪癖拿来应用之前，我们还需要掌握能把每个东西结合在一起的某些东西，即一些粒子胶合力。我们所需要的是一些基本作用力。

物质怎样从能量形成？

爱因斯坦的著名公式 $E=mc^2$（其中 E 是能量，m 是质量，c 是光速）描绘出质量和能量实质上只是同一事物的不同两面。质量能够转换为能量（正如在为恒星提供能量的的核熔炉里），能量也能转换为质量。

你会想，物质粒子是能量异常集中的微小实体，粒子的质量越大，里面包含的能量就越多。给定适当的能量和压力，你能够毫不夸张地压缩能量，直到产生物质。

在暴胀之前，宇宙实在太热又太致密，物质难以形成，但是在暴胀以后最短暂的瞬间，条件变得正合适，这时压力被释放，足以使物质聚集（正如发泡饮料，气泡只能在瓶盖打开，压力减轻时才能形成）。

若说构成你和我的这类物质能像那些粒子精灵一样无中生有地"产生"出来，这看来不可能，但是实际上确能发生。在诸如大强子对撞机这样的粒子加速器里，物理学家把原子撞击在一起，这时它们正在等待因碰撞崩出的一点儿原子碎块（正如从失事汽车上摔出的玻璃碎块）。他们正在寻求新的粒子，在碰撞点上形成的高密度亚原子火球（比太阳中心的温度高百万倍）里有极强的压力和极高的能量，能产生新粒子。这就是为什么你能听到科学家在谈论大强子对撞机"再造大爆炸时的条件"。这不是夸夸其谈，他们的确创造了迷你大爆炸，这里碰撞的质子融入了与宇宙诞生时同一类型的高温浓稠的基本粒子汤。

关于宇宙初始几毫秒的情况我们之所以能知道得这么多，原因也在于此，因为它在实验室里被再次创造了。

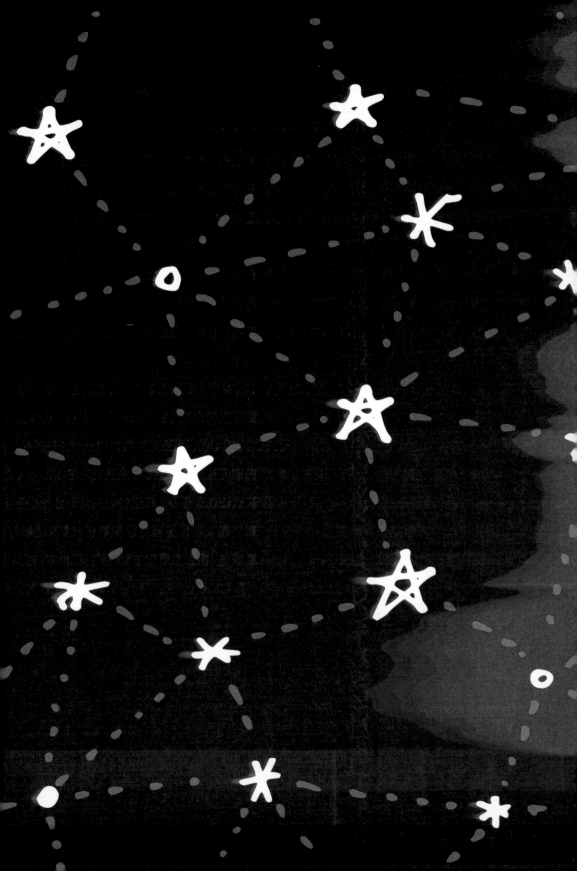

第 4 章

作用于宇宙的力很强

在本章里我们探讨支撑宇宙工作机制的基本作用力，在此过程中，将使用通俗的比喻来阐述隐含其中的谜团。

在电影《星球大战》中，奥比-凡·克诺比描述给予杰迪（绝地武士）力量的神秘的力是"由所有生物创造的能量场。它包围我们，渗透我们，把星系束缚在一起"。

在物理学里，力不那么神秘，但是（至少是在面对它时）也不是那么容易理解，而且在许多方面给予杰迪的描述十分贴切。宇宙的基本作用力确实包围我们，渗透我们，把星系束缚在一起（还把宇宙束缚在一起）。

物理学家把它们称为基本作用力，因为它们对于宇宙的存在实在是基本的。如果说宇宙是一座房屋，基本作用力就是地基、灰浆和梁柱，它们保持砖块黏合，墙壁矗立。事实上，如果没有基本作用力，我们甚至连砖块也没有，无法建成房屋。

在《星球大战》的宇宙里，力已经渗入一切事物，但是它需要物质的载体（杰迪），为它开辟通道并输送它的能源（从来没有把达思·瓦德称为物质载体……他变得越来越烦躁）。在标准模型的世界里，用于输送力的能源的载体是称为玻色子的粒子。

当相关的作用力在这些力的载体之间传递的时候，它们在物体（诸如夸克、质子、磁体，甚至行星）之间交换。

在四种基本作用力（没有涉及希格斯场，它们将在随后的第78页更详细地讨论）：强核作用力、弱核作用力、电磁作用力和引力，除了引力以外的每种力都有自己的力的载体。

强核作用力

强作用力，即强相互作用，其作用是把构成原子核的材料结合在一起。原子核是由带正电荷的质子和不带电荷的中子构成的。如果让它们自行其是，这些构成原子核的粒子是不可能结合在一起的。中子还可以，中子是中性的，它们几乎从不说

强核作用力

强核作用力通过它们的力的载体的交换使原子结合，这种载体有一个恰当的名字 —— 胶子。

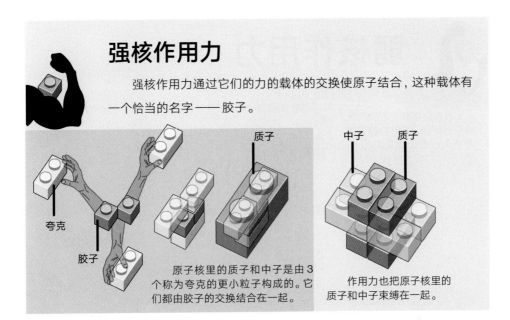

原子核里的质子和中子是由3个称为夸克的更小粒子构成的。它们都由胶子的交换结合在一起。

作用力也把原子核里的质子和中子束缚在一起。

三道四，如果把它们与别的粒子禁锢在一个封闭的空间里，它们既不欢欣鼓舞也不抵触反对，麻烦在于质子。

由于质子带着正电荷，实际上会反对与其他质子接近，它们确实会相互排斥，并会尽可能地与另一个质子分离。

如果你曾经玩过磁铁，你会明白质子多么不要相互接近。你没有玩过（那么我禁不住要问你小时候究竟干什么去了？），那就拿两块磁铁，试着把它们的北极推在一起……

…… 继续做……

…… 难上加难……

…… 放弃吗？

唉，这真是不可能的，要把它们合在一起真比约达（美国科幻电影《星球大战·帝国反击战》中的主人公，来自外星，长有一张猫脸，又叫喵星人 —— 译注）想偎依在沙发里并与达思·瓦德合用一条毯子（原文 slanket 指带有袖套的毯子 —— 译注）并分享一杯可可更难。

使得两个荷正电的质子相互排斥的力几乎是不可超越的，但是强核作用力正好

弱核作用力

弱核作用力是对放射性衰变起作用。它的力的载体是 W 粒子和 Z 粒子。

弱核作用力能够导致原子里稍重一些的中子衰变成稍轻一些的质子。

中子（一个上夸克和两个下夸克）

W 粒子　电子

质子（两个上夸克和一个下夸克）

上夸克　下夸克

电子中微子

通过改变原子里质子和中子的数目，弱核作用力创造出一种全新的元素。例如：一个碳 14 原子，有 8 个中子和 6 个质子，衰变成氮 14 原子，有 7 个中子和 7 个质子（用于碳 14 测年）。

中子里的下夸克发射一个 W 粒子。

W 粒子是很重的，因而很不稳定，它几乎立刻就衰变为一个电子和电子反中微子。

通过改变一个夸克的"味"，中子成为质子。

能够这样做，它能克服质子的自然斥力并把它们束缚在原子核里。

完全可以这么说，如果没有强核作用力，那就没有原子。这将是一本薄得不能再薄的书，因为在从来不存在过的宇宙里，由不存在的人写在不存在的纸上。

然而，虽然强核作用力不可思议地强，它却只能在非常（非常，非常，非常）短的距离内起作用。如果两个质子分开的距离超过质子的宽度，它们就脱离了强核作用力的作用范围，于是就会受其他作用力的影响（最显著的是电磁作用力，它们会一直把质子分离）。更重要的是，质子一定要彼此足够靠近才能被强核作用力一下子"抓住"，这就意味着要有某种别的手段去克服它们的自然斥力。当宇宙在构建的时候，这将十分重要，本书后面再谈。

强相互作用力的载体（即玻色子）是胶子，作为一种力能把粒子胶合在一起真是再合适不过了。

弱核作用力

虽然这是一个相当受轻视的名字，但是弱作用力的重要性丝毫不亚于强作用力。弱核作用力使得太阳（与所有恒星）燃烧并导致放射性衰变发生，使得原子通过获得或失去（辐射）粒子而改变本性。

它之所以称为弱作用力是因为它比强作用力和电磁作用力微弱得多。尽管它比较微弱，但是能在短距离内（甚至比强作用力更短）产生极其显著的作用。

在放射性元素里它很强，足以冲破把原子核结成一团的束缚。最简单的情况是，它能通过失去一个电子（或一个正电子）导致原子核里的中子衰变为质子。在这种情况下一个原子就改变为另一种元素。

在放射性衰变中，原子失去能量，而由于能量和质量是可以互换的，它就成为更轻的元素（一种原子量较小的元素）。

但是弱作用力也使得核聚变成为可能，这正是太阳的产能机制。较轻的元素聚变产生较重的元素和多余的能量。如果没有弱作用力，恒星产能的核熔炉永远不能点亮发光，宇宙将坠入一片黑暗。

弱相互作用力有两个力的载体：W 粒子和 Z 粒子，它们是重粒子，质量约为质子的 100 倍。

电磁作用力

强和弱核作用力在原子水平上起作用，所以至少在面对它时，对我们的日常生活没有什么冲击。现在我们开始谈论你在现实中看到并与之打交道的那些作用力。

电磁作用力作用在任何带电荷的粒子上（所以对于诸如中子这样的粒子没有作用），对于我们日常生活的重要性难以估量。它的作用是在原子里把质子和电子束缚

电磁作用力

电磁作用力作用于任何荷电的基本粒子上，它的力的载体是光子。

1. 电子的对手

通过在质子和电子之间不间断地交换光子，电子得以保持在轨道上。但是，与我们能从光线感知的光子不同，这些是虚光子，它们的效应能被看到，但是不能被直接检测到。

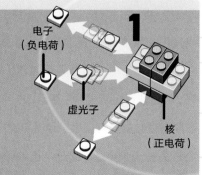

电子
（负电荷）

虚光子

核
（正电荷）

2. 光的旅行者

整条电磁波谱都由光子负载着（实光子而不是虚光子）。波谱红外端的光子比波谱X射线端的光子能量较弱（波长较长）。

微波光子

红外光子

X射线光子

射电波　　　微波　　　红外线　　可见光　紫外线　　　X射线　　γ射线

3. 磁的个性

虚光子的交换也对磁的吸引和两个相反磁极之间的排斥以及磁场的形成起作用。

令人奇怪的是（认为我们对磁场非常熟悉）没有人确切了解磁在量子水平上怎样起作用。根据定义，你无法研究虚光子（请记住它们在比普朗克时间更短的时间里存在），所以要设想它们怎样作用是很靠不住的。

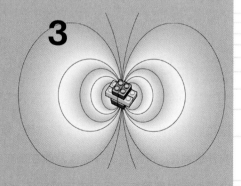

在一起，并把原子与原子绑定在一起形成复杂的分子。

电磁作用力导致宇宙形成它的结构和形状。一个原子 99.999999% 的空间是一无所有的，所以如果没有电磁作用力把物质形成结构，就没有什么东西能阻止原子彼此分离。正是这些电磁吸引和排斥的相互作用，才防止你不能坐上椅子（或站在地板上）。请想一想它是由亿万个微小磁体构成的，其中亿万个微小的相斥极防止你与你的椅子连成一体，而亿万个微小相吸极又阻止你成为一片原子云土崩瓦解或随风飘荡。

电磁作用（表现为电磁波谱的形态）也形成了你所看见的光线、你所听见的无线电广播、你加热食物的微波和把你晒黑的紫外线。

电磁作用力的载体粒子是我们在本书里已见过面的：光子。光子是无质量的粒子，它本质上只是能量的微小载体，以光速传播（光还有"光"的意思，光得连质量也没有）。

引力

与电磁作用力一起，引力也是我们能在日常生活中感受的仅有的另一个作用力。至少在面对它时，这个最广为人知的基本作用力本该是最容易被理解的……但是，表象具有欺骗性。

引力的最本质的特征是使物体有重的感觉，使东西能往下掉落。引力就是为质量赋予重量的那种力（质量与重量不是同一回事——一名宇航员在空间游荡是无重量的，但他肯定不是无质量的）：如果没有引力给物质赋予重量，就将没有恒星、星系或行星。

这是唯一一个我们能说其作用具有宇宙规模的力。强和弱作用力只能达到原子大小几分之一的距离；电磁作用力，说起来也能贯通宇宙，但是等量的正负电荷早已把自身抵消殆尽了。

引力随距离改变，它遵循平方反比律，两个物体之间的引力正比于它们的质量，反比于它们之间距离的平方。换句话说，如果你拿两个有质量的物体把它们之间的距离缩小一半，它们的引力将增强到 4 倍。

至于引力的载体，这是一个奇怪的例外。由于还没有把它成功地整合到标准模型，物理学家确实还不知道引力的载体是什么，甚至不知道是不是有。所以为了不至于遗漏，他们假设了一种力的载体，称为"引力子"，它（理论上）是无质量的，而且以光速传播。

再过一会儿我们还会与引力相会，不过眼下我们要介绍另一种最新的基本作用力。

希格斯场：另一种基本作用力

2012 年发现了一种粒子，它显示出是希格斯玻色子（还有许多待研究），这就在基本作用力的名单上加上了另一种力 —— 希格斯场。

希格斯场是英国物理学家彼得·希格斯于上世纪 60 年代提出的，用于解决一个相当根本的问题：为什么粒子是有质量的？

标准模型的成功是毋庸置疑的。它无数次成功地预言了在反直觉的量子世界里粒子如何起作用，但是它不能解释为什么宇宙有质量。

按照标准模型，在大爆炸里产生的所有基本粒子在产生时应该是完全没有任何质量的。

你会想得到，质量在这里被忽略是非常严重的问题（也十分令人困惑），因为没有质量，就没有引力；而没有引力，从大爆炸里喷涌而出翻腾不已的粒子汤将永远不能浓缩而形成恒星和行星，或其他东西。既然一切证据都指向我们确实存在这一事实（姑且不论哲学家关于存在的冥思苦想），那么这就是一个亟待解决的问题。

另外一个问题是不同基本粒子的质量之间存在差异。最轻的基本粒子是电子，而最重的粒子是顶夸克，它的质量是前者的约 35 万倍（相当于地球与太阳的质量差异）。从逻辑上推理，顶夸克一定会比电子大得多（就像太阳比地球大得多），但是它们的大小大致上却是相同的。

如果在标准模型的框架内，找不到这些问题的解，尽管它已在各方面取得成功，物理学家还是会把它扔入垃圾箱，并回到制图板前。

彼得·希格斯的解是希格斯场，这是一种撒遍宇宙的不可见的罗网。他认为无质量的粒子在通过希格斯场时，会与它相互作用，在作用时获得质量，相互作用越强，它们获得的质量就越多。所以，顶夸克比电子重这么多的原因，就只是由于它与希格斯场的相互作用要强劲得多。

正如其他作用力有相应的力的载体（如玻色子）粒子，希格斯场也一样，它有第

质量是什么？

按照定义，没有质量的粒子以光速传播，实际上这个速度应该称为无质量"物质"的速度，但是由于光子是第一个被发现的无质量粒子，光速的称呼就一直沿用着。

因此，任何粒子只要以小于光速的速度传播，就被认为是有质量的。所谓物体的质量，实际上只是对于为改变其速度应施加多少作用力的描述，质量越大，为使它加速（或减速）要施加的作用力也越大。

质量与重量有什么不同？

质量是构成物体的物质多少的度量。质量产生引力，它是一个确定值。

重量是不确定的。它是一个物体在重力场里所受重力的度量。

以爱因斯坦教授为例：

在地球上体重 70 千克重。

在月球上他的体重掉落到 12 千克重。

但是在中子星上体重陡升至 70 亿吨重。

他的质量没有改变（他仍由相同数量的物质构成），但是作用在他的质量上的重力改变，因而他的体重也改变。

希格斯场

强烈冲击：希格斯场怎样把质量给予粒子？

　　粒子通过与希格斯场相互作用获得质量。相互作用越强，希格斯场给予的质量就越多，这就能说明为什么顶夸克会比电子重35万倍，尽管这两种粒子的大小相同。

　　为了解释这一现象，我们将放弃乐高的比喻，而代之以小矮人（人人都喜爱小矮人）。

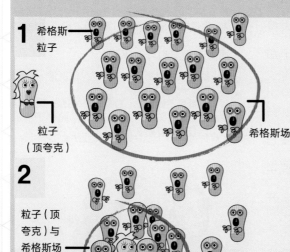

1 希格斯粒子

粒子（顶夸克）

希格斯场

2 粒子（顶夸克）与希格斯场相互作用强烈，获得质量。

1.设想希格斯场是挤满小矮人粒子的房间。小矮人代表希格斯粒子，他们均匀地分散在房间里。

2.我们的女主角，顶夸克小姐跑步进入房间里。小矮人们不能抗拒这位性感的女主角诱惑，便集合在她的周围（就像白雪公主周围的小矮人所为）。由于他们密集地聚集在她的周围，使她慢了下来（她失去动量），从而获得质量。

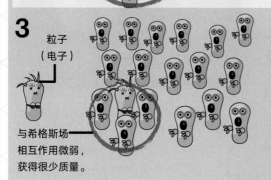

3 粒子（电子）

与希格斯场相互作用微弱，获得很少质量。

3.现在一个木偶电子小姐挤进了房间，小矮人们不想变得木头木脑，所以绝大多数便掉头不顾这个木偶。电子没有受到多少减速，也因此几乎没有获得质量。

　　所以一个粒子与希格斯场的相互作用越强，它丢失的能量就越多，而获得的质量也越大。

一个虽具争议但"声名显赫"的粒子：希格斯粒子。

在 50 年（而且花费了几百亿美元）之后，希格斯粒子（至少是希格斯粒子中的一种）于 2012 年在大强子对撞机中发现了，这使许多物理学家长舒了一口气，也使希望开创新物理理论取代标准模型的人有些心灰意冷。

但是对于质量来说，希格斯没有解决全部问题。正如我们在上一章里已经看到，电子会被虚粒子"云"包围，它们从量子泡沫里"噗哧"而出，飞驰一会儿，然后又"噗哧"一声消失。

是的，这对于其他基本粒子也成立。例如夸克，从希格斯场得到质量，但是当你将构成一个质子或中子的 3 个夸克（和胶子）的质量加在一起时，其总量却远不及质子（或中子）的全部质量。这好象你用 6 块乐高构件建造一艘宇宙飞船，每块重 1 克，但你发现飞船却重 500 克。

所以，虽然夸克和胶子从希格斯场得到质量，但是质子的大部分质量却是由在产生和消失之间游移的神秘的虚夸克和反夸克对以及胶子构成的。

事实上大约 95% 的质子（当然还有中子）的质量来自于虚粒子，这意味着你身体（还有这本书）的 95% 是由仅仅存在万分之、万分之（万分之、万分之……）一秒时间的那些材料构成的。

所以，当有人说"他完全不存在"，这相当接近于这句话反映的实情。

标准模型之外的引力
（爱因斯坦对引力的解释）

所有基本作用力很不相同，但是它们的共同作用使得宇宙得以存在并运行不息。物理学家想要找到一条途径以一个理论统一所有作用力，它将描述这些力的特性和相互作用。但是迄今为止尚未成功。

现代科学上有一件事令人啼笑皆非，那就是人们创造的两个最成功的理论（的确是理论而非猜想）即量子力学和广义相对论，它们非常互不相容。强作用力、弱作用力和电磁作用力已统一在标准模型中，在量子水平上有效地解释了这三种力的作用。但是没有人找到途径把爱因斯坦的引力理论引入量子力学的围栏里。

爱因斯坦本人花了他平生的后 30 年去做毫无成果的探索，试图把引力与其他作用力结合在一起。他觉得一定有单一的方程组能描述自然界的运动。20 世纪 20 年代，就在他发表引力理论（广义相对论）后才 4 年，爱因斯坦就着手去做把几种看来互不相容的作用力拼合的工作，想把它们纳入他称为统一场论的单一理论框架之内。

可惜，他不知道这个拼图还缺少重要的几块。他只研究电磁作用力和引力，而没有包含基本作用力的完整系列；他还只研究质子和电子（其他缺失的粒子只是到了 20 世纪 30 年代才陆续发现），而没有包含基本粒子的整个群体。

随着研究的进一步深入，爱因斯坦拒绝了量子理论（其实他的工作曾经帮助了这个理论的建立）。他反感量子奇异性，例如量子力学主张的量子测不准原理。正如他对物理学家尼尔斯·玻尔的调侃中说的名言："上帝不与宇宙玩骰子。"

可以这么说，爱因斯坦想要归纳出单一的统

1 暂时把你想象中的保龄球搁置一边，把一个想象中的弹子顺着床单滚动起来。这颗弹子将沿着一条笔直的直线前行。

2 现在捡起这个保龄球把它放上床单。这个球将使床单变形，形成一个凹陷。现在当你让弹子继续在床单上滚动时，它试图还沿着直线前进，但是当它遇到这个凹陷时，将环绕保龄球转动，好像被保龄球拖过去似的。在这种情况下，弹子代表一个光子，由于它不具有任何质量并以光速运行，事实上不可能掉落进凹穴里去。但是，由于光在其中传播的空间已经变形，它的路径稍微偏转了。

3 如果你增加弹子的质量并使它慢一些，这样它代表一颗行星，它将进一步掉进引力势阱。如果弹子有足够的动量，它将沿着这个凹陷的边缘转动，也就是环绕保龄球恒星公转。如果它的动量太大，它将摆脱势阱，向空间逃逸。如果它没有足够的动量，它将径直掉落进势阱，撞向恒星。

4 现在我们去按压这个保龄球，使它陷得更深，以模拟质量更大得多的天体。这时引力势阱深得很了，即使光子也没有足够的动量能逃脱。万事万物都会掉进去，正像一个黑洞。

这就是引力。一切具有质量的物体都能使时空扭曲（甚至你和我），一切运动中的事物都会遭受引力的影响，即使是光线。保龄球并不直接吸引弹子（牛顿设想能吸引），而是改变弹子在其中运行的空间的形态。

以稍微不同的方式去考虑，你会说引力真是"时髦的陷阱"。

由引力获得重量

为解释爱因斯坦的广义相对论所描述的引力，通常所用的类比是把宇宙（时空）的组织设想成一张橡皮床单，而诸如恒星之类的大质量天体则像一个个保龄球。

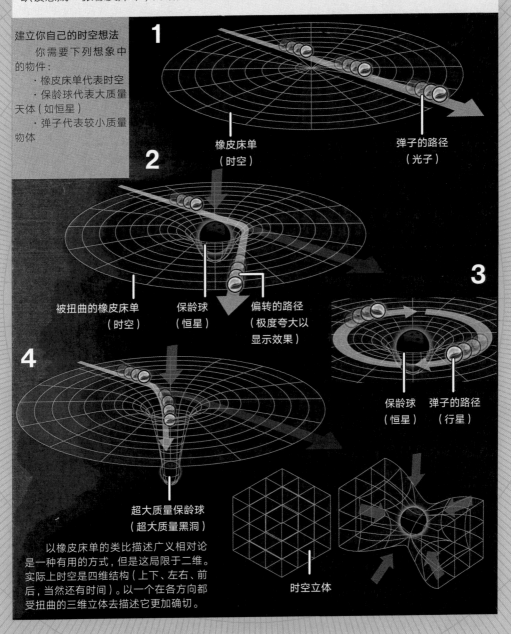

建立你自己的时空想法

你需要下列想象中的物件：
· 橡皮床单代表时空
· 保龄球代表大质量天体（如恒星）
· 弹子代表较小质量物体

1

橡皮床单（时空）

弹子的路径（光子）

2

被扭曲的橡皮床单（时空）

保龄球（恒星）

偏转的路径（极度夸大以显示效果）

3

保龄球（恒星）

弹子的路径（行星）

4

超大质量保龄球（超大质量黑洞）

时空立体

以橡皮床单的类比描述广义相对论是一种有用的方式，但是这局限于二维。实际上时空是四维结构（上下、左右、前后，当然还有时间）。以一个在各方向都受扭曲的三维立体去描述它更加确切。

质量巨大
未必体量庞大

在日常生活中和语言中，一个大质量物体，体量也是庞大的。但是，在本书里，它的意思稍微不同。在物理学上，有些事物未必巨大才是大质量的。

例如中子星，它的直径大约与一个大城市相当，但质量大得惊人。在中子星里，粒子与粒子紧紧地挤压在一起，所有空隙都被填满。如果你能从中子星里舀出一汤匙物质带到地球上来，它的重量约10亿吨。

一理论以失败告终。多年以来许多学者历经失败而仍前赴后继地力图统一这两种理论。顺着这条路径，种种更加不可思议和充满奇思妙想的理论（要说理论其实是猜测，或者更确切地说是假设）纷纷出炉：可以举出名为弦理论、M-理论、超对称理论等那么几个（后面我们也将讨论其中几个）。

虽然物理学家还在力图把引力纳入量子力学囊中，但是就我们的目的来说，阿尔伯特·爱因斯坦描述的引力（在一定程度上还有伊萨克·牛顿描述的引力）已足以用来构建我们的宇宙。

爱因斯坦的引力究竟是什么？

曾经的200多年期间，伊萨克·牛顿的万有引力定律享有绝对权威。按照牛顿的理论，引力在瞬间起作用。设想地球突然间变得更重了，那么太阳系里的其他每个天体都会在同一瞬间感受到这一变化。

但是，1906年爱因斯坦发表了狭义相对论，指出没有事物能传播得比光速更快。牛顿关于引力传递的瞬时性违背了狭义相对论中普适的速度极限。

然后在1916年爱因斯坦发表了广义相对论，把牛顿的苹果车翻了个底朝天。在牛顿看来，空间只是物理定律扮演角色的舞台，但是爱因斯坦展示了空间和时间都

引力带来的麻烦

引力就是这么顽强地抗拒着人们把它纳入标准模型的一切尝试，又与其他基本作用力一起正常地产生作用。

引力有力量使时空弯曲，而且把一颗颗行星拴在恒星周围绕行，这样你会禁不住认为它一定是一种很强的作用力。

事实上，与其他作用力相比，它却惊人地微弱。你必须把它增强到千万亿亿亿亿倍，它才能与其他作用力相提并论，你看，它就是这么微弱。

引力的确很微弱，你能轻而易举地克服它。

你只要拿一只钉子放在桌子上。

引力正使尽一切解数拉住钉子尽可能地趋向地心。

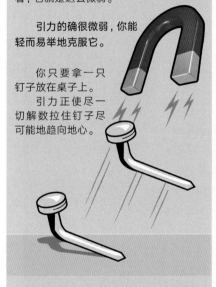

现在请拿一块小磁铁，你会吃惊地看到它的磁力会轻易地克服整个地球作用在钉子上面的引力，而把钉子吸起。

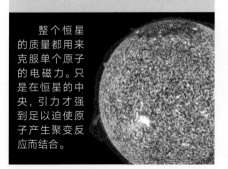

整个恒星的质量都用来克服单个原子的电磁力。只是在恒星的中央，引力才强到足以迫使原子产生聚变反应而结合。

额外的维度

为了解释引力与其他作用力之间的不匹配现象，物理学家提出在我们熟悉的三维（上下、左右、前后）之外可能存在额外的维度。

在科幻世界里，额外的维度被描绘成另一些宇宙，即平行的世界（通常被极度利己的、邪恶的主人公盘踞着，从他们阴沉的目光和浓黑的胡子即可识破），但是在物理学里，一个额外的维度远没有这么令人瞩目。

我们人类已习惯于在三维世界里沉浮，在物理学家看来，一个额外的维度无非就是在三维空间上方另一个方向。局限于我们观察宇宙的方式，这个额外的维度隐藏在我们的后面。

有一种称为 M 理论的学说（M 代表膜）是弦理论的分支，预言存在的维度高达 10 个，我们之所以看不到它们，是由于它们蜷缩在实在（实在、实在）太小的环圈里。

要是这看起来很难理解，那么请作这个设想：一名杂技演员在一条绷紧的绳索上保持平衡。实质上他只占据一维，因为他只能向前和向后运动。

现在我们想象在这条绷紧的绳索上有一只跳蚤。这只跳蚤在绳索上能够向前和向后运动，但是它也能向旁边爬行，绕着绳子转圈。跳蚤生活在二维世界里，但是其中一维是一个微小的封闭环圈。

这名杂技演员察觉不到第二维度，正像我们察觉不到我们赖以活动的三维以外的维度。

还有，正如我们局限在我们的三维世界里那样，我

一名走钢丝的杂技演员只能在钢索上向前和向后走。对于他来说，他只占据一维世界。

但是一只跳蚤能够环绕钢索爬行。对于它来说，这是一个两维世界，但是这一额外的维度太小，走钢丝者不能察觉。

们用来考量周围世界的一切事物，诸如光线和声音，也都是这样。由于没有什么东西与这些额外的维度相互作用，我们没有方法去检测它们。

这样，尽管所有其他的基本作用力禁锢在我们的三维世界里，但是人们认为引力却自由地在额外的维度里传播。

随着引力在所有的额外维度内扩散，它变得越来越稀释，这就导致它在我们的三维世界里非常微弱。

验证爱因斯坦的广义相对论

爱因斯坦于 1916 年发表他的广义相对论时，同时提出了检测光线引力偏折效应的方法。他说在日全食时，有可能测量出来自远方的星光在经过太阳旁边时如何偏折。

实际位置　　视位置

偏折的光线　　原来的路径

* 没有证据表明爱丁顿只是一个脱离肉体的太空脑袋。

1919 年 5 月 29 日发生的一次日全食提供了这样一次机会。由英国天体物理学家亚瑟·爱丁顿（见上方头像）率领的天文学家团队来到西非海岸外的普林西比岛，另一个团队来到巴西，去观测日全食。

远距恒星的位置（能在太阳旁边看到）在日食中太阳光焰暗淡时拍摄下来，然后与太阳不在那个天区时拍摄的位置比对。

两个团队都观测到恒星位置的偏移，这表明太阳引力确实使星光的传播路径偏折。

亚瑟·爱丁顿的原始照片，拍摄于普林西比岛，显示恒星的视运动。

是舞台上的演员。质量造成空间弯曲而空间引发质量运动。

在牛顿看来，引力作用只能被有质量物体感知，但是爱因斯坦证明引力甚至能作用于像光子这种无质量物质。在牛顿的引力世界里，光对引力作用无动于衷，但是（正如我们将在后面所见）光线会在大质量天体的引力拉动下"弯曲"。

爱因斯坦提出引力并不是有质量物体感受到的固有的力，实际上只是有质量物体作用于宇宙组织的一种"副产品"。

每一个有质量物体都会使它所处的宇宙组织即时空变形：物体的质量越大，这种变形越厉害（参阅第 83 页）。这种效应常常拿一只保龄球和一张橡皮床单作比喻，保龄球放在床单上会压出一个凹陷。任何质量较小的物体（譬如一颗弹子）会滚落到凹陷里去。这就是"引力势阱"对小质量物体（譬如你和我）的作用，于是我们就感受到引力。

一个物体受多大的引力作用取决于它的质量和它的运动速度。对于光子来说，以光速传播，当然时空的变形再大也只能让它稍微偏折一点点。但是对于质量大得多（运行还慢得多）的地球来说，变形大得足以阻止行星摆脱"凹陷"，地球被禁锢在一个圆形（确切地说是椭圆形）的轨道上运行，它还是想沿直线运行的，但被太阳的引力拴住了。

如果太阳突然消失，"凹陷"也将匿迹，几分钟之后（取决于太阳消失的"信息"以光速传播何时到达），地球将沿直线飞驰而去（或者说它试图这样做 …… 因为在太阳系里还有许多质量更大的行星也构成了一个个凹陷）。

引力的强度服从平方反比律，因为这是物体周围时空曲率的性质。你离物体的引力中心越近，你掉落下去的引力势阱就越深，那么你感受的引力就越大（当然物体质量越大，时空变形越大，引力势阱越深，引力也就越大）。

宇宙中引力最强大的天体是黑洞，构筑的引力势阱深不可测，即使光线也没有足够的劲头摆脱它的羁伴（但是我们还无法试图构建一个黑洞）。

好吧，这样我们已了解了粒子、基本作用力，以及之前的大爆炸 —— 它把一缕光芒投向宇宙的瞬间，驱散黑暗，为我们创造星星。

第5章 恒星诞生

在本章里我们将集合原子，率领基本作用力创造第一批复杂
的结构，点燃第一批核火焰，促使宇宙摆脱黑暗。

这里我们正站在新宇宙的门口。让我们从从容容地一探究竟。

看罢，这里值得注意的东西寥寥无几 —— 宇宙漆黑一片、荒凉苍茫、虚无飘渺；膨胀着的时空是黑色广袤的沙漠，死气沉沉、景象单一。

但是，正像一片沙漠，它的单调景象是一种假象。事实上，如果从飞行在热气逼人的天空的飞机上去看，沙漠处处似乎是万物不生的无边虚空，但是靠近一点去看，一切都不一样了。

当你操纵你的飞机着陆之后（从舷窗向外看去），原本一马平川的米黄色海洋已经变成了沙丘起伏似波涛涌动的景色了。现在你离开飞机，俯身趴在地上。你将看到无数沙粒，它们是亿万个细小的硅酸盐舞者，正在跳着复杂的舞蹈，它们在变幻无穷、令人目眩的华尔兹舞中相互接触并相互作用。

我们的宇宙也是这样，虚无飘渺但从来就不像它所显示的那样一无所有。请你靠近些去看。你将看到我们在大爆炸中制造出来的氢原子和氦原子。就像我们所比喻的景色单调的沙漠中的沙粒一样，单调乏味的宇宙充塞着亿亿万万（亿亿万万）个原子的舞者，正在等待着乐曲声奏响而翩翩起舞。正如我们前面看到的，它们在时空上的分布远远地看起来似乎很均匀（就像沙漠），实际上物质粒子会或多或少地集结成团（就像沙丘）。没有这些团块，我们这个短篇故事也就到此打住了。物质还在不断变冷，宇宙还在继续膨胀，向无休无止、无穷无尽的黑暗扩散，变得稀薄更稀薄。

幸好这些团块一直存在，而我们的宇宙也因此得以存在。

大爆炸	粒子形成	宇宙微波背景（CMB）	黑暗时期（第一批暗物质结构）	第一批恒星和活动星系
138.2 亿年之前		大爆炸之后 377 000 年		2 亿年

让我们集合起来

迄今为止，我们已经用一些基本作用力创造了第一批简单元素的原子，但正是在这里引力使恒星显身。我们已经看到恒星大小的大质量天体如何在宇宙的组织中造成引力"凹陷"，但是并不是非要这么大的物体才能使时空弯曲。任何事物，只要具有质量（哪怕是小到像单个原子）就会在时空中留下印记。

在今天的宇宙里，有那么多的大质量天体造成巨大的时空凹陷，而原子大小的凹陷就像喜马拉雅山边的一粒尘埃，毫不起眼。但是在婴儿期的宇宙里，没有东西比锂原子（在氢、氦和氚之后只形成了很少一点）的质量更大，所以并非要有许多质量才会导致大的撞击。

由于原初的弥漫氢氦云有点"结团性"，有些区域原子与原子之间挨得紧些，有些区域它们之间分得开些。在它们挨紧的地方，有些许大点的质量，形成稍微深些的凹陷。它们不是很多，但即使一点点额外的引力也足以剧烈地改变我们的宇宙。

在千百万年里，氢原子和氦原子粒子在凹陷里积聚起来，形成了越来越稠密的气体云，伴随着日益增强的引力。更多的物质意味着更强的引力，而更强的引力则吸引来更多的物质，这就像玩起了滚雪球，但是一旦开始它就成了雪崩式的过程（至少从宇宙学的期限来看是这样，须知在后来出现的地球上，恐龙从进化、扩张直至灭绝经历的时间比第一颗恒星诞生所花的时间要短）。

星系演化（星系团和超星系团形成）　　　　太阳系形成　　　太阳死亡　　　　宇宙的命运

?

10 亿年　　　　　　　　　　　　　　　90 亿年　　　　187 亿年

宇宙中的生死之战

即使在宇宙中已经产生了一些相当稠密的气体云，我们似乎不妨把它们叫作原星系，自然这里边还没有恒星。原星系的优势是物质压缩得更紧密，它们与膨胀中的宇宙做着拼死的抗争。

从大爆炸以来大约2亿年过去了，尽管宇宙膨胀的速度已经慢了下来，但毕竟还在膨胀着。这意味着每个氢原子之间的空间也在膨胀，宇宙正力图把原星系撕裂开来。

随着宇宙膨胀，原星系的体积在增大，它们能不断地从四周吸取气体，这何尝不是好事。但是，如果它没有了气体来源，它将会被拉伸得越来越稀薄，直到它又回复到弥漫气体云。

不过别担心，原星系的补给是充分的，当它终于没有了食物来源的时候，已经积聚了足够多的质量（在10万至100万倍太阳质量之间），也有足够强的引力抵抗宇宙膨胀。原星系不再受宇宙膨胀的制约了，它开始在自身引力的作用下收缩。

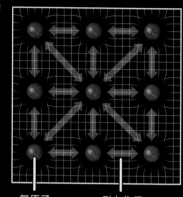

氢原子　　　引力作用

1.如果这团气体云的分布完全均匀，引力将完全均匀地作用在每一个粒子上面。由于每颗粒子在各个方向都等量地被吸引（同时也去吸引），它将彻底保持稳定。

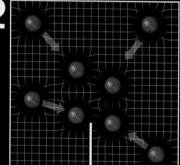

密度较高的区域

2.幸好，正如我们在宇宙微波背景上所见，物质分布并不完全均匀，某些区域比其他区域要稠密些。

引力势阱加深，引力增强

3.密度较高的区域对较低区域的粒子施加稍微大些的引力作用，于是把它们拉向密度较高区域。

在复合时期的末期，宇宙充满了弥漫气体云，它们的大部分成分是氢。

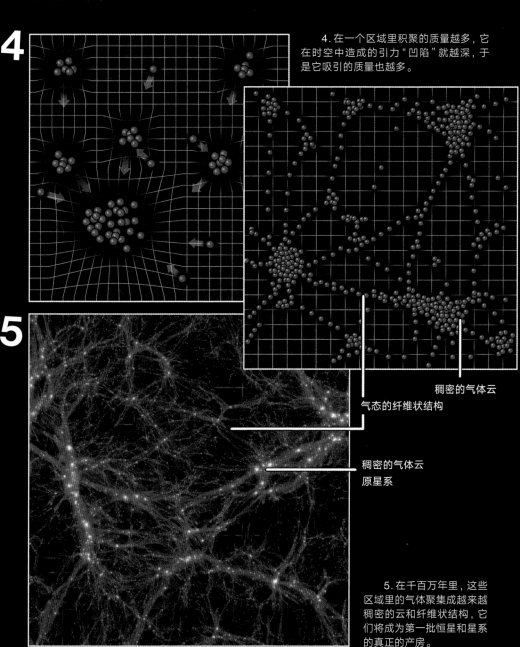

4

4. 在一个区域里积聚的质量越多，它在时空中造成的引力"凹陷"就越深，于是它吸引的质量也越多。

5

稠密的气体云

气态的纤维状结构

稠密的气体云
原星系

5. 在千百万年里，这些区域里的气体聚集成越来越稠密的云和纤维状结构，它们将成为第一批恒星和星系的真正的产房。

黑暗的插曲

当气体云将进入引力坍缩和恒星点火的阶段之际，我们要稍作停顿去考虑我们刚刚描述的过程中不经意间提到的一个缘由：它本来会使我们的故事就此打住。我们曾经讲过物质分布的微小涟漪产生了引力增大的区域，它促使局部的物质积聚……，困难在于这些起伏之中没有足够的物质去推动过程进行。

如果我们只知道从大爆炸中产生的普通物质在起作用，那么在最好的情况下，只要几十亿年，它们就能聚集起足够多的引力势能去制造恒星，届时你不必坐在这里去等待下一个 40 亿年左右（如果说本来你要等待的话）。在最坏的情况下，不会

暗物质的高速公路

气体迅速地收缩成纤维状结构的复杂网络和稠密的气体云不能仅由正常物质的质量达到，还需要暗物质的看不见的质量提供必需的引力。

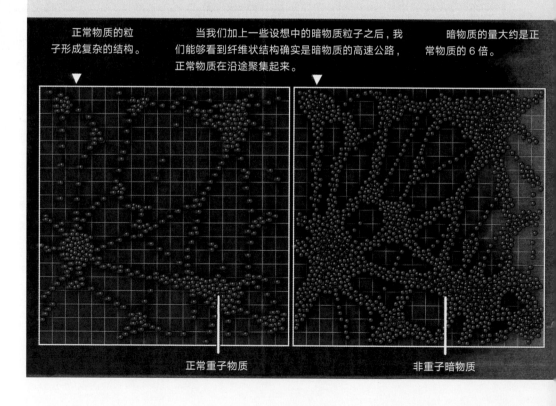

正常物质的粒子形成复杂的结构。

当我们加上一些设想中的暗物质粒子之后，我们能够看到纤维状结构确实是暗物质的高速公路，正常物质在沿途聚集起来。

暗物质的量大约是正常物质的 6 倍。

正常重子物质

非重子暗物质

暗物质：怎样去看见你不能看见的某种东西

这样看来，你曾经错过了暗物质的"保龄球"这名闲散的角色。要想发现不能直接探测到的物体总要有点诀窍。幸好，顺着使橡皮床单（时空）弯曲的保龄球，爱因斯坦相对论另一个边际效应，称为引力透镜的作用被发现了。

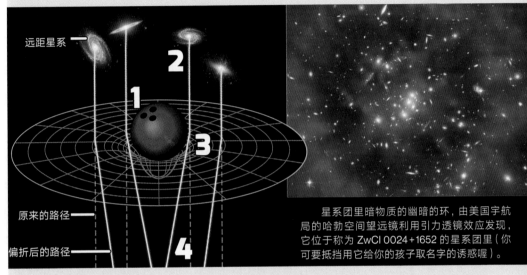

远距星系

原来的路径

偏折后的路径

星系团里暗物质的幽暗的环，由美国宇航局的哈勃空间望远镜利用引力透镜效应发现，它位于称为 ZwCl 0024+1652 的星系团里（你可要抵挡用它给你的孩子取名字的诱惑喔）。

1. 这里我们有一个暗物质的保龄球，它与正常物质做成的保龄球一样，使它周围的时空弯曲，造成一个引力"凹陷"。

2. 来自远距星系的光线穿越空间。

3. 当所有这些光子遭遇一个强引力场时（不论是由哪一种物质产生的），光线都会向它倾斜，所以路径偏折。

4. 通过考察光线的这种偏折，天文学家能够构建我们与星系之间暗物质分布的图像（自然你也就找到了这个保龄球）。

有足够多的物质在宇宙的生死之战中获胜，因为宇宙膨胀会拉伸物质分布的涟漪，在哪怕最小的气体云积聚之前好久早已把它们拉平了。

你坐在这里阅读本书，这就是明显的证据，表明这一切没有发生，这样看来，在我们的故事里一定有某种东西没有讲到，这些东西与引力相互作用。但是，是我们看不见的另一类东西。这里的"某种东西"是一种保持着神秘性的物质，它称为暗物质。

"暗物质"这个名字读起来好像是一名三流科幻作家头脑发热想象的产物，但它并非美国标准的"企业号"（指美国科幻电影《企业号》中外星人的飞船 —— 译注）产生的虚幻的危险品，它是非常真实的。尽管它被取了这个名字，它不是物质个性的邪恶一面（与此类似，反物质的名字也可能有争议，不过要称它是邪恶也是不合理的）：之所以叫作暗物质，因为我们看不见它。

更确切地说，暗物质是物质的一种形式，它与构成我们能见宇宙的"正常"物质，即重子物质，没有相互作用。它对电磁作用力的魅力无动于衷，这就是为什么我们不能检测到它（我们的眼睛和遥望天空的望远镜都依靠电磁波）。我们的确知道它存在，因为它的确与引力起相互作用，这就是说通过作用在我们能看得见的正常重子物质上的引力效应，我们能够检测到它的存在与影响。

首次推测到暗物质的存在可以追溯至 1933 年，是由瑞士裔美国天体物理学家弗里茨·兹威基做出的，他当时研究了星系团（多个星系被引力束缚在一起的集团）。他观测了星系团里星系的运动，应用牛顿定律估计它的引力质量。但是当他估计出在一特定星系团里的可见质量后（通过测量星系里恒星辐射的光度，推导它们的质量，并把它们总加起来），发现这个数字显著地小于先前的估计值：可见质量只是星系团引力质量的一小部分。

更有甚者，可见质量不足以产生必需的引力把星系聚集成团（星系本来会四散分离，但它们没有这样）。他得出结论：一定有看不见和不可探测的某种东西形成了所有这些缺失的质量，并把星系保持在受引力束缚的状态，而这某种东西就是暗物质。

若要原原本本地讲清发现暗物质和随后搜寻组成暗物质的各种粒子的故事，可以写上一本书，不过现在我们只要知道暗物质构成了宇宙的很大一部分，也就足够了。我们还不知道它是什么，但是它是标准模型里所描述的正常物质的 6 倍。

把构成宇宙很大部分的那些东西就这么忽略过去，可能显得有点随心所欲，但是在这本书里暗物质与宇宙的关系确实只涉及引力的影响，而且对它的进一步探索将牵扯到太深的问题，这里难以回答（此外，人们已经尽了很大的努力，它万众瞩目的地位已告一段落，我们也不想再侵入它的隐秘领域）。

无论如何，所有这些来自暗物质的额外引力正是我们所需要得到的一切，它使得气体在宇宙膨胀还来不及扯开它们之前，收缩成能稳稳地形成恒星的气体云。

这样，对于每1份正常物质，我们甩出6份暗物质，把它们混和起来，我们有了一种暗物质的骨架，正常物质依附在它上面才能聚集。

感受挤压

好罢，让我们回到原星系，这是一个巨大的普通物质（氢、氦和一点点锂）和暗物质的云，它们混和在一起，并在本身引力的日益增强的作用下收缩和凝聚。随着云的收缩和气体"掉落"进越来越深的引力势阱，氢原子（此后，我们也设定氦和锂也存在）获得能量并加速。它们具备了充足的动能，开始相互猛烈碰撞，以热能的形式释放它们蓄积的能量，氢云开始变得越来越热。

引力怎样产生热量

有可能在引力的作用下下落的任何事物都具有贮藏着的"势能"，它能转化成热能。

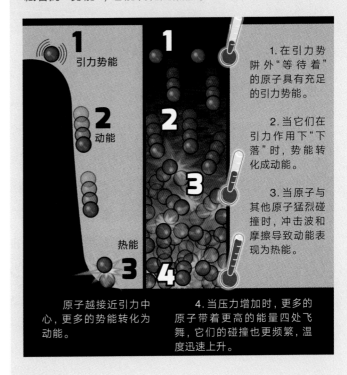

1. 引力势能
2. 动能
3. 热能

1. 在引力势阱外"等待着"的原子具有充足的引力势能。

2. 当它们在引力作用下"下落"时，势能转化成动能。

3. 当原子与其他原子猛烈碰撞时，冲击波和摩擦导致动能表现为热能。

原子越接近引力中心，更多的势能转化为动能。

4. 当压力增加时，更多的原子带着更高的能量四处飞舞，它们的碰撞也更频繁，温度迅速上升。

播撒恒星的种子

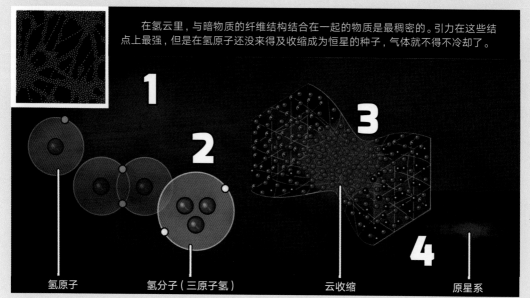

在氢云里，与暗物质的纤维结构结合在一起的物质是最稠密的。引力在这些结点上最强，但是在氢原子还没来得及收缩成为恒星的种子，气体就不得不冷却了。

1 **2** **3** **4**

氢原子　　　氢分子（三原子氢）　　　云收缩　　　原星系

1. 在原始气体云里物质和暗物质掺和在一起。

2. 氢原子结合形成氢分子。分子氢能辐射红外能，从而使氢云冷却。

3. 冷的、运动缓慢的氢原子和氢分子对引力更加敏感，所以它们向引力中心收缩，与暗物质分离。

4. 终于形成了一个扁平的物质盘，即原星系，四周包围一个暗物质晕。

　　但是随后有一种奇怪的事情发生了：当云的温度上升到 800℃ 的时候，气体突然开始冷却下来。由于氢原子被挤压得越来越接近，它们开始相互作用，它们的电子云开始相互缠绕。它们的核不聚合（那还需要更高的热量和压力），但是它们的单个电子组合起来开始环绕多个原子核运行，产生了氢分子。

　　有一种特殊类型的分子 —— 三原子氢，由三个氢原子核组成。但是只有两个电子在周围绕转。正电荷与负电荷之间的这种不平衡导致三原子氢分子整体上带正电，使得它们很容易激发。由于在云里有许多非分子态的氢四处飞行，对这些荷电分子频频撞击，它们变得伤痕累累（就像一个步履跄跄的人，他摇晃着的杯子里只有红牛饮料而没有牛奶），开始振动，把持不住所有能量，它们以红外光子发射能量，使得云冷却下来。

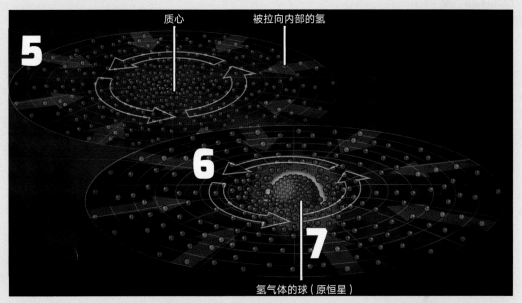

质心　　　　　　被拉向内部的氢

5

6

7

氢气体的球（原恒星）

5.在原
星系里，气
体稍冷和稍
密些的区域
收缩。

6.当气体"掉落"进引力
势阱的时候，开始环绕引力中
心缓慢地旋转（就像水流进下
水孔），并形成一个扁平的盘。

7.在盘的中心，一颗原
恒星在发展着。随着越来越
多的物质向里堆积，压力增
加，而核心温度陡升。

8.随着核心变热，分子破裂，
而原子被剥离成它的组成部分质子
和电子。当这种等离子体达到1500
万摄氏度时，核聚变开始。

　　这看来是一种灾难性的进程（说到底，要说恒星所需要的正是热量），但是所发
生的这一切恰恰是决定性的一个阶段。一团炽热的气体会遭受热压力，排斥引力这
种向内的拉力，而现在这个气体云还没有足够的引力去克服这种外向的压力。

　　氢分子通过把光子（因而也是热量）抛射出云，使得气体冷却并与暗物质分离，
而由于暗物质与电磁力不起作用，对光子也没有反应，所以既不能被加热，也不能
被冷却。正常物质的原子变得越冷和越慢，它们受到的引力作用就越强，于是开始
向云的中心沉降，终于形成了原星系，它是一个由缓慢旋转的物质构成的扁平的盘，
四周包裹着暗物质（即使在今天，星系周围都有一个暗物质的"晕"）。

点火！

现在氢原子都又恢复正常而冷却下来（更重要的是）聚集在一个地方，这确实又能重新加热。在引力前所未有的支配下，所有这些慢下来的原子形成了一个个局部的气体稠密区域，这就让它们开始收缩成更稠密的团块，它们叫作原恒星云。

由于引力要把一切事物都拉向单一的质心，原恒星的中心就越来越变得稠密和炽热，形成了一种恒星的种子，即原恒星，它的越来越增强的引力吸引着云里的气体。

随着气体掉落进原恒星的引力势阱，云开始变得扁平，而且（像水排进一个出水孔那样）开始缓慢地旋转。每时每刻，原恒星都在获取质量，收缩并变得越来越热，而且既然质心是最稠密的部分，它的核心也就是整体中最热的部分。

当核心达到 2000℃ 时，所有这些氢分子都裂解开来，恢复成它们的组分氢原子。随后，氢原子本身的电子也被剥离（称为电离），气体转化成等离子体，即高速运动的质子和电子（这反映了大爆炸后不久的条件，当时这些原子刚刚形成）。

原恒星在来自其引力收缩的能量补给之下，变得极度炽热，达到约 1500 万摄氏度，在其核心的质子已有了足够的能量开始核聚变。

现在，我们还不能简单地把这些质子黏合在一起，即使在 1500 万摄氏度下，质子还没有足够的能量去超越斥力的障碍，即相互间的电磁斥力（这称为库仑壁垒）。幸而，我们能够召唤某种量子奇异性来帮忙。

想必你还记得，在量子水平上，粒子可以看成是以概率云的形式存在。质子的波函数，作为发散性定位的痕迹，能够叠加，这就能让它们在一个叫作量子隧道效应的过程中，穿越库仑壁垒，在那里强核作用力能够起作用。

一旦两个质子在量子婚姻里结合，可能发生两种情况：产生叫作双质子的质子对，或者通过弱作用力其中一个质子衰变成为中子。

这种联姻的最常见的结果是产生双质子，但是糟糕的双质子是理查德·伯顿和

质子与量子隧道

（量子力学里的一个故事）

从前有两个氢原子，他们极度渴望在一场核婚姻中结对。

于是他们来到强作用力牧师的教堂。但是有一个问题。

邪恶的库仑伯爵公开宣称要迫使所有质子保持单身，并构建了一个电磁力场排斥他们。

这两个质子竭尽全力还是不能穿过这堵墙壁。他们制造了梯子一级级往上爬，但是不论爬得多快，在还未到顶之前总是筋疲力尽。

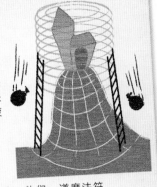

后来有一天魔法师海森堡来了，并说他能够帮助他们。起初这两人心存疑虑（主要是因为这位魔法师看来不曾想一想他是谁，或者他要到哪里去），但是他给了他们一道魔法符咒，这能让他们通过魔法隧道穿过墙壁。

"我叫它为量子隧道"他宣称（虽然看起来他并不完全有把握）。

这样他们再次登上他们的梯子，并使用这道不太确定的魔咒。

这道魔咒显示出波粒二象性的特征，每一种粒子在本质上都具有这种性质，而且他们能转化为概率云。

质子作为波函数能够在魔幻的量子云里的任何处所存在，所以这两个质子作为波传播去接近电磁壁垒。由于他们并不存在于波的任何特定的点上，它的某些部分能够与壁垒叠加在一起。

然后这位把握不定的魔法师说了句咒语，他迫使他们的波形收缩而他们的粒子出现在他们曾经叠加的壁垒上。

最后，强作用力牧师终于使他们结合在一起，而在他们曾经是分离的两个质子的地方，现在出现了单一的氘核。

结束

（是这样吗？）

伊利莎白·泰勒（两位著名的好莱坞影星 —— 译注）在亚原子级上的翻版，它们的联姻十分脆弱，很快分离了。不过，每过约 10 亿年，就会有一个质子衰变成为一个中子，产生一个稳定的氘（重氢）核。这听起来像是考验耐心的超长时间，但是请记住，四周有万万亿亿个质子在飞舞，所以不需太长时间就会有质子衰变了。

氘核能很轻易地与其他质子结合（谁说后续婚姻要受一夫一妻制约？）只在 1 秒钟左右的时间里另一个质子就会与氘核碰撞，强作用力轻而易举就把它们结合在一起，形成氦 3（轻氦）核。

在随后的 50 万年里（允许有一两千年上下的误差）这个核会与另一个氦 3 碰撞，形成更为人熟悉的、由两个质子和两个中子构成的氦核。这次新的联姻释放两

蓝巨星登场（最好躲在它的后面）

在原恒星的中心，万万亿个氢核（别忘了还有一些氦和锂）一起熙熙攘攘地拥向质心。在这个压力的熔炉里，热核聚变反应一触即发。

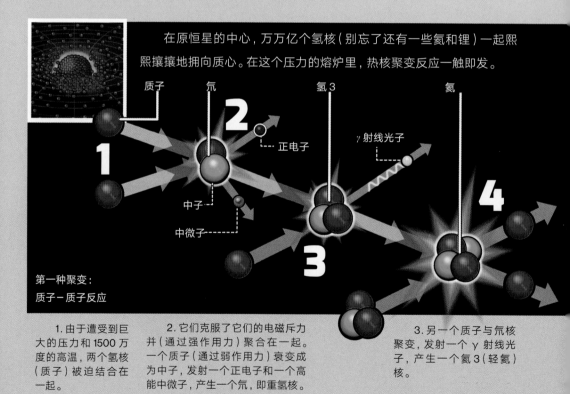

质子　氘　氢 3　氦

γ 射线光子

正电子

中子

中微子

第一种聚变：
质子－质子反应

1. 由于遭受到巨大的压力和 1500 万度的高温，两个氢核（质子）被迫结合在一起。

2. 它们克服了它们的电磁斥力并（通过强作用力）聚合在一起。一个质子（通过弱作用力）衰变成为中子，发射一个正电子和一个高能中微子，产生一个氘，即重氢核。

3. 另一个质子与氘核聚变，发射一个 γ 射线光子，产生一个氦 3（轻氦）核。

个高能 γ 射线光子和两个质子 —— 从而又重新开始整个过程（因而有了"质子−质子反应链"这个名称）—— 以及巨量能量。但是这些能量从哪里来的呢？

当所有这些质子和中子聚变在一起形成更重的核时，它们损失了一些质量，而爱因斯坦著名的质能关系 $E=mc^2$（能量 ＝ 质量 × 光速 × 光速）告诉我们，损失的质量转换成了能量。每次反应只损失极少量的质量，大约 0.7%（一个原子的 0.7% 实在是太少了），但是在恒星的核心有那么多的反应在发生，在一个太阳大小的恒星里，每秒钟就有 6 亿吨氢转化成氦，所以太阳每秒钟会"损失"430 万吨质量，它们转换成了巨大的能量。

以 γ 射线丢失的能量将与电子和质子相作用产生热量，而所有这些正电子将与电

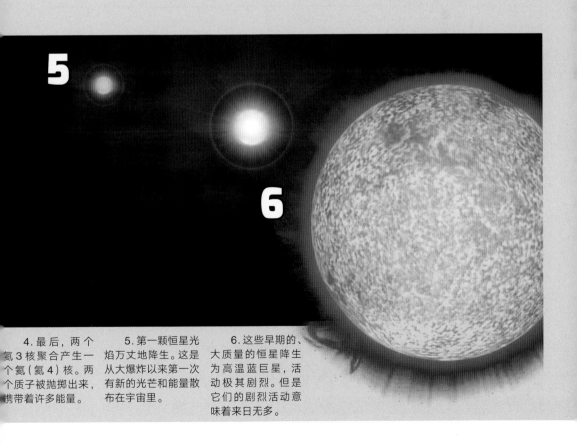

4. 最后，两个氦 3 核聚合产生一个氦（氦 4）核。两个质子被抛掷出来，携带着许多能量。

5. 第一颗恒星光焰万丈地降生。这是从大爆炸以来第一次有新的光芒和能量散布在宇宙里。

6. 这些早期的、大质量的恒星降生为高温蓝巨星，活动极其剧烈。但是它们的剧烈活动意味着来日无多。

子相作用并湮灭而释放甚至更高的能量。把所有这一切与从反应里抛出来的质子所携带的动能结合起来，就产生了大量的热量。反应里产生的中微子是另一种副产品，也携带大量能量，但是由于它们几乎不与周围环境起反应，它们发射到太空中，丝毫不受包围它们的气体的阻挡。

随着核聚变反应的点火，曾经的缓慢冷却的弥漫气体云已经变成一个翻腾不止、烈焰熊熊、令人目眩的熔炉。组成气体云，又组成了原恒星的那些原子，已经完成了它们的第一段旅程，现在组成了恒星。大爆炸以来，宇宙被首次照亮：它的荣耀才刚刚开始。

大婴儿

这些最初的恒星究竟有多大是一个有争议的问题。直到最近，人们认为它们一定质量巨大，这些恒星中的巨兽重达几百个（可能是几千个）太阳。这个想法的根据

热量：守住堡垒

核聚变产生大量热能，所以你可能会想，一旦这些热量与引力收缩正在产生的热量结合起来，恒星的核心将变得越来越热，越来越热（无论如何，其本身 1500 万摄氏度已经把核心加热到令人咋舌了）。幸好，对于新诞生的恒星来说，情况不是这样。真的要是这样，恒星实在是太热了，以至于将在一次惊天动地的毁灭性爆炸中粉身碎骨，这时你还来不及说："哎呀，真有这么热啊！"

有趣的是，聚变释放的能量实际上有一种冷却效应，这就是通过"抵抗"引力并防止恒星在自身引力作用下收缩。这是一种精致地调节平衡的作用，它能让一颗恒星支撑几十亿年，但是当平衡破坏时（这是总会发生的），这颗恒星就寿终正寝了。

是，这些首次形成恒星的团块比今天在其中形成恒星的氢分子云热得多。在当前的恒星形成区域，云被尘埃颗粒和包含重元素的分子冷却。但是在宇宙的幼年期，这些重元素还不存在。

由于气体云在收缩之前必须冷却下来，人们曾经认为这些早期的炽热云需要更大得多的质量（大约更大 1000 倍），以便克服它们的热压力并使引力起作用。近来，这一假设受到质疑。天文学家没有发现有关这些巨星的证据，而且计算机模拟表明，尽管要求更大的质量促使引力起作用，但是最早期的原恒星变得太热（温度约为太阳的 9 倍），以至于它们的热压力很快地克服了引力 —— 把气体吹向太空，从而阻止了恒星变得过重。

虽然现在恒星的个头已经变小，可是第一批恒星还是壮硕的猛兽，它们的质量达到太阳的几十倍。我们的新恒星还是非常肥大的婴儿（喔，而且它们是蓝色的 …… 就像气体喷焰最炽热的部分，恒星越热，它显得越蓝）。

恭喜，恭喜，是一对双胞胎！

长期以来的又一个假定是认为第一批恒星都是单个的，近些年来这也引起了质疑，而计算机模拟又带来了革命。

这些模拟包含产生一些虚原恒星云和人们认为那时原恒星云会遭遇的模拟条件，结果显示大多数早期恒星看来不是孤立地形成的，而是在紧密的聚星系统里形成。

研究表明，当原恒星吸进物质并产生一个星周盘时，这个盘的质量会变得很大，以至于它在引力上是不稳定的，于是分裂成多个碎块。然后这些碎块继续收缩，形成更多个原恒星。这些"同伴"星与第一个原恒星在引力上仍束缚在一起，而后者的质量最大，形成了双星或三合星系统，它们环绕着共同质心密切地运行。

计算机运算的复杂性表明即使超级计算机也只能最多模拟到恒星形成后的前 1 万年情况，所以研究还没有结束，但是这能解释为什么今天宇宙中 80％ 的恒星属于双星或聚星系统。我们的太阳孤零零地只有一个，这属于少数的宇宙怪胎。

于是（再一次）有了光

如果你回头去看几百万年前（也就是往前翻几页），你会回想起我曾经宣称（有点夸张地）："终于光线能自由地穿越宇宙了。"事实上我要承认，光线并不是像我曾经说的那样自由。

在复合时期（名称有误导）俘获电子而生成的中性氢对于低能光子（红外线、射电波、微波等）是透明的，但对于诸如可见光和紫外辐射这类高能光子却非常不透明。在这些频段上的光子很容易被中性氢原子吸收：虽然第一缕核反应的光芒已经发射，但是恒星还是隐藏在不透明氢的烟幕后面。

不过恒星有诀窍把自己显露出来，而且要去继续阻拦它们，没什么东西比气体更微不足道的了。因为恒星的燃烧极其猛烈，把巨量的高能辐射（主要是紫外线）抛向四周的太空，这就在很大程度上加热了恒星周围的气体。正如我们在多种场合已经看到的，当中性气体受热的时候，它们便把持不住绕核旋转的电子，而成为电离状态。

现在，我准备再自相矛盾一次，但是请你容忍一下……请再一次回头想想复合时期，你将会想起我说过，只有当在电离气体里四处飞行的自由电子被原子核俘获的时候，宇宙才首次变得透明。好的，这次反过来也成立，当第一批恒星把它们周围的气体电离的时候，这使得可见光的光子通过了它们。但是差别在于：气体比起过去来要远远地稠密得多，有那么多的质子和电子四处飞行，使得气体形成了一种稠密又不可穿透的等离子体。有决定意义的是重新电离开创了退耦时期（与复合不同，这个时期名副其实），这时候之前紧紧耦合在一起（在相互作用中束缚在一起）的物质和辐射都可以自由地各行其道了。在仍留在恒星周围的、稀薄的云里，重新电离实际上消除了光线在宇宙里传播的最后障碍。

第一批恒星除了向雾霾吹出一些局部的气泡以外，也没有更多作为，但是随着恒星点火在随后的几千年里加速发展，这些气泡连接起来，使得巨大的空间区域都变得透明了。宇宙范围里的重新电离将持续约 10 亿年（这些时间将花在形成比单颗恒星所能做的更宏伟壮丽的事物上），但是第一颗恒星的形成宣告了宇宙开始脱离黑暗时代。

黑暗时代的终结

随着恒星形成，开始了重新电离的时期，这大约在大爆炸之后的 2 亿年，而终结于大部分不透明的中性气体电离之后，这大约在大爆炸之后的 10 亿年。

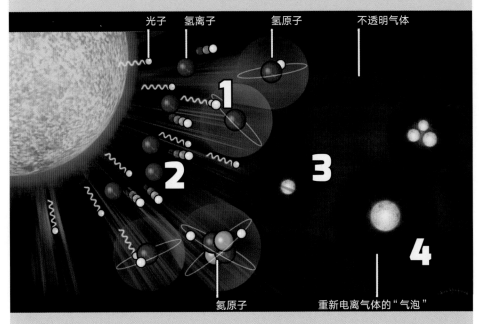

1. 每个原子都有特定的辐射频率，它也在这个频率上去吸收。对于中性氢来说，这个频率正好落在光谱的可见光和紫外光波段。这些光子被吸收，这就阻断了光的传播。

2. 第一批恒星加热了它们周围的气体，导致氢原子不能保持它们的电子。电离氢对于可见光和红外光子是透明的。

3. 每颗恒星在围绕它的电离氢气体（称为星际介质）里，产生一个气泡。

4. 随着更多的气泡形成，它们增大并连接在一起，驱散了黑暗时代的雾霾。

第6章 恒星的一生和死亡

在本章里我们将把新发现的氢聚变技巧付诸应用，并利用恒星作为宇宙压力锅烹饪出一些重元素来（我们也将杀死若干颗恒星，并制造出一个黑洞）。

到了这里，有谁能对我们的成就漠视呢？在短促的时期里，我们取了无穷小的一点能量，把它转化为初生的宇宙，这里充满了幼年期的蓝色恒星和模糊不清的少年期星系。为达到这一点我们所做的一切就是从量子泡沫里召集物质和能量，铺展持续膨胀着的四维时空的毯子，从能量制造物质，并从物质挤出能量。这是许多人没有做过的伟业。

但是我们可不要洋洋自得。我们做得很好，不过，在我们着手宣称我们有无限威力，从本质上迷信的书籍引章摘句，为无处不在的万能造物主构建虚假的框架之前，我们必须揭示宇宙创生过程中的一些复杂性。

虽然到此为止我们的成就很大，但是我们还只有几种化学元素，这是它们在大爆炸翻腾的地狱里合成以后，我们才有的。大约 75% 的氢和 25% 的氦，加上微量的氘、氦 3 和锂。

可以肯定的是，这些元素是有用的，我们也知道宇宙的基本构件（行星、卫星和生物）中的大部分是由诸如碳、氧、氮和铁等元素组成的，这些元素也一样有用。我们需要以某种方式把氢和氦这类普通的元素转化为重元素。

幸好，我们刚刚建造了一个理想的熔炉 —— 恒星，去实现炼金术的魔法。从这时的几十亿年以后，在已经诞生的地球上，绵延几个世纪，将有人把自己关在一间间黑屋子里，用秘密符号做着笔记，吸进各种损害肺脏的挥发性化合物，做着种种劳而无功的工作，一切尝试就是为了把基本元素炼成金子。他们根本不知道，他们真正需要的是一个几万亿吨的热核等离子体球，才能完成这项工作。

要花几千年才能得到1加仑？

氢燃烧是宇宙中每颗恒星的生命线，聚合成更重的元素是最容易的，因为反应释放大量能量，这给出了最好的"持球强攻（美式橄榄球的动作——译注）的激情"。

人们认为最早的第一批恒星是质量极高的（太阳质量的几十倍），当然，质量越大意味着有更多的氢。现在，你会禁不住去想，一颗质量很大的恒星，拥有超量的氢，其寿命将延续很久，但是，事实上正相反：质量更大，恰恰寿命更短。这看起来可能与直觉相反，但是，当你思考这个问题时，它确实是讲得通的。

当恒星核心之外的质量以巨大的引力挤压核心的时候，聚变反应就可能发生。恒星的质量越大，引力产生更大的压力作用在核心，因而恒星就必然更猛烈地燃烧氢，以产生足以反抗引力挤压的热量。

大质量恒星在生命开始时可能拥有大量多余的燃料，但是它们会极其迅速地燃烧掉。一个质量约50倍于太阳的恒星，在短到100万年的时间里，就将消耗掉它的燃料，而我们的太阳，它已经燃烧了46亿年，现在才迈入中年。你可以比较一辆城市小轿车与一辆美国厢式大货车的差别，城市小轿车只能带几加仑（加仑是美国液体容量单位。1加仑=3.785升——译注）燃料，而厢式大货车的油箱能灌20加仑，但是，较小的汽车使用汽油的效率更高，在大货车已经因为汽油耗尽而熄火之后，小轿车还能跑很长距离。

所以，第一颗大质量恒星的预期寿命短得令人沮丧，但是它猛烈的热核反应却使它成为强有力的炼金机器，注定了用来把氢转化为所有类型的重元素，即多质子的产品。

恒星的生命轮回

恒星的生命周期取决于它的质量和它燃烧时的温度。超大质量的恒星在短到几万年的时期里就会烧完它的燃料，但是大小只有它的很小一部分的恒星将能燃烧几倍于宇宙当前年龄的时间。

褐矮星 通常被描述成失败的恒星。它们由那些没有足够质量点燃烈焰熊熊的氢核聚变的原恒星形成。它们都能被发现是因为在缓慢死亡的过程中向太空释放热量，慢慢地失去踪影。它们更像是庞大的气态巨行星，而不是恒星。我更愿意把它们看成超级巨行星。

红矮星 是小型的，但还是有足够的质量使得氢核聚变能够进行。但是它们在很低的温度上燃烧，以至于在几倍于宇宙当前年龄的长时期里，它还能惨淡地发光。宇宙里所有恒星的绝大部分是红矮星，约占全部恒星的75%。

类太阳恒星（即黄矮星）有足够的质量在它们的核心里点燃氢和氦的核聚变。当它们经历了氦聚变阶段之后，便膨胀成为红巨星，抛出外围气体层，形成行星状星云，并留下一颗白矮星。在几千亿年（如果宇宙的寿命足够长）里，它们将慢慢成为黑矮星。

超巨星和特超巨星 是恒星社团里惊人的臃肿的成员。它们的质量范围从几十个太阳到几百个太阳不等，在短至几万年的时间里就能烧尽巨大的燃料储备。

它们是宇宙里一切重元素的制造者，一旦有铁在它们的核心产生，它们就作为超新星而爆发。

少数这类巨星将以中子星的形态或脉冲星终结其生命，但是特别大的巨星将在自身巨大质量的挤压下坍缩成为黑洞。

在这幅图里星体的大小一点儿也不成比例。例如一颗20倍于太阳质量的超巨星，大小将是太阳的75倍。

褐矮星
质量：0.08 ×（太阳质量）
温度（表面）：1000℃
预期寿命（主序）：n/a

红矮星
质量：0.2 ×（太阳质量）
温度：3000℃
预期寿命：10 万亿年

类太阳恒星
质量：1 ×（太阳质量）
温度（表面）：5000℃
预期寿命：100 亿年

超巨星
质量：20 ×（太阳质量）
温度：12000℃
预期寿命：500 万年

特超巨星
质量：100 ×（太阳质量）
温度：40000℃
预期寿命：100 万年

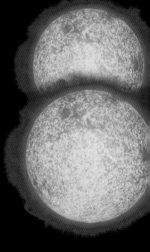

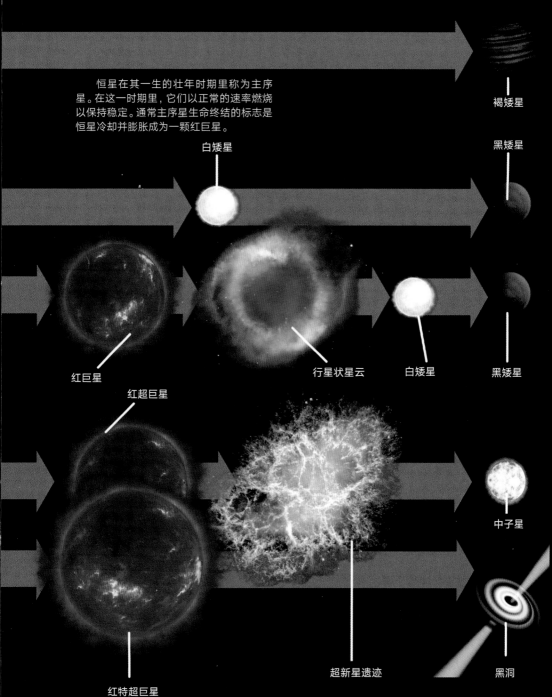

恒星在其一生的壮年时期里称为主序星。在这一时期里，它们以正常的速率燃烧以保持稳定。通常主序星生命终结的标志是恒星冷却并膨胀成为一颗红巨星。

褐矮星

白矮星

黑矮星

红巨星

行星状星云

白矮星

黑矮星

红超巨星

中子星

红特超巨星

超新星遗迹

黑洞

重金属神

轻原子聚变形成较重元素的过程称为核合成。我们已经看到氢如何通过质子–质子循环聚变成为氦，但是当一颗恒星耗尽它的氢储备时会发生什么呢？

恒星有多快耗尽它的氢，这取决于它的质量，但是，不管它是在几十万年里烧完了氢还是能维持几十亿年，每颗恒星最终总会把氢烧光。

当一颗恒星耗尽它的氢以后，聚变反应在核心内熄灭。没有了从恒星中心发出的热量产生的外向压力，内部热压力与引力之间微妙的平衡被打破了，又没有机制建立新的平衡，曾经争先恐后地要向里掉落的质量现在正好可以这样做了，于是核心就在恒星自身引力的重压下坍缩了。

随着核心坍缩，其中的压力增强，它被再次加热。它超过了 1500 万摄氏度氢核聚变的门槛，可是由于没有氢留存，坍缩继续进行。核心变得越来越稠密和越来越炽热，终于达到了下一个魔幻般的温度：1 亿摄氏度。

在这一温度下，舞台上呈现的是恒星生命的下一个阶段：氦核聚变。在这一聚变反应阶段，氦 4 核"黏合"起来形成更重的元素，它们包含的质子和中子数是 4 的倍数，终止于如碳 12 和氧 16 这类元素（参阅第 116—117 页）。这看来像是简单的黏合，好比把几块 4 组件的乐高块插接在一起，以得到 12 或 16 组件的组合。但是正如在它前面发生的氢核聚变过程，氦核聚变比单单把几个氦核挤压在一起要复杂得多。

如果你把两个氦 4 核聚合在一起，你就得到了一个铍 8 核。但是你无法把两个铍 8 核聚合起来以得到一个氧 16 核，因为铍很不稳定，在你能把它们中的两个结合起来之前，它们早已分开了。在 20 世纪上叶，这对天体物理学家来说曾经是十分头痛的问题。他们知道较重的元素存在（嘿！），但是想不出这是怎么可能的。

后来，在 20 世纪 50 年代，弗雷德·霍伊尔（是他抛出了"大爆炸"这个嘲讽的名称）设想一个稳定的碳 12 核能够通过一下子把 3 个氦 4 核黏合起来而形成（这称为 3α 过程，因为氦核又称为 α 粒子）。我们没有篇幅来详细描述 3α 过程，但是我之所以要提到它，因为它是演绎推理的重要成果。即使当时流行的想法认为这个过程不可能，但是霍伊尔坚持，因为他知道存在着碳12，因而一定会有一个过程使碳可能存在。正如他所说："既然在自然界里我们周围到处都有碳，而且我们本身就是碳基生命，恒星一定会以高效的方式制造碳，我正要去探索它。"

他的发现揭示了一个特殊的（也是非常重要的）巧合。原来在量子层面上碳12的组合很适当，正好能超过不稳定的铍8阶段；如果这些变数中正好有一个出了问题，恒星核聚变将在形成铍以后嘎然而止，那么你和我将都不可能存在于世。我们又一次被宇宙"排除异常"的现实惊得目瞪口呆。

质量指标

写在元素符号下面的数字表示它的原子量（全部同位素的质子、中子和电子质量的平均值）。每种元素有特定的质子和电子的个数，但是中子的个数可能变化。中子个数或多或少的同一种元素叫作同位素。例如碳有 15 种已知的同位素。碳 12 和碳 13 是稳定的原子，但是所有其他同位素是不稳定的，会以各种速率衰变成稳定的原子。碳 14 的半衰期是 5 700 年，是放射性碳同位素中最长命的。

原子序数
（核内质子的个数）
化学符号

2
He
氦
4.002602

原子量
（核内质子和中子的总数）

当然，恒星终于又耗尽了它的氦储备，核聚变又一次停止。在核心的外围残留着一个没有燃烧的氦的薄壳（也有一个没有燃烧的氢层包裹着它），核心再次收缩，变得越来越热，直到温度达到 6 亿度，这是能点燃碳核聚变的温度。碳核聚变比起氦核聚变是更加直截了当的过程。在这个反应里，两个碳 12 核聚合，产生一个更重元素的核，例如镁 24。

从最后一轮聚变产生的热量使核心保持平衡，并再次阻止了坍缩。但是，碳的补给不可避免地耗尽了，又一次开始了坍缩过程，以及未燃烧的燃料壳的沉积、加热和核聚变点火。每次核聚变阶段都要求更高温度，并一路上不断产生后续的更重元素，终止于铁 56，然而正是到这里这一序列中闻名于世的"持球强攻"停止了。

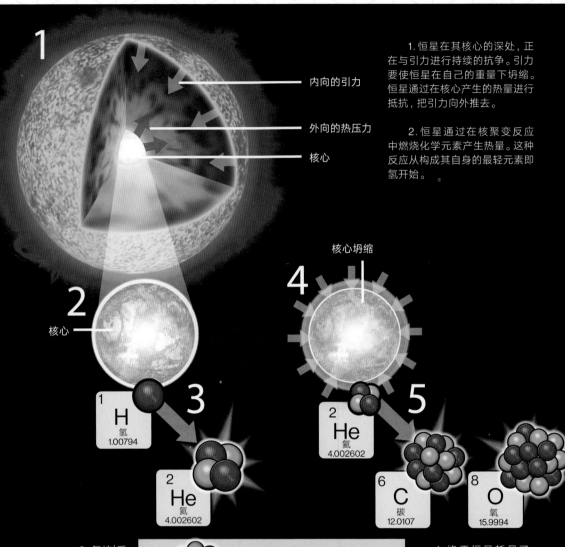

1

内向的引力

外向的热压力

核心

1. 恒星在其核心的深处，正在与引力进行持续的抗争。引力要使恒星在自己的重量下坍缩。恒星通过在核心产生的热量进行抵抗，把引力向外推去。

2. 恒星通过在核聚变反应中燃烧化学元素产生热量。这种反应从构成其自身的最轻元素即氢开始。

核心坍缩

2

核心

4

1
H
氢
1.00794

3

2
He
氦
4.002602

2
He
氦
4.002602

5

6
C
碳
12.0107

8
O
氧
15.9994

3. 氢核（质子）遭受到巨大的压力和1500万摄氏度的高温，聚合在一起，通过质子-质子循环产生更重的元素氦。

7
N
氮
14.007

已经包含了碳和氧（从它们前代恒星继承而来）的后几代恒星释放能量的方式与氢核聚变不同，这称为 CNO 循环（参阅第 119 页）。有一种令人愉快的氢核聚变的副产品在这一方式中产生，这就是氮（生命的基本成分）。

4. 终于恒星耗尽了它的氢补给，于是核聚变在核心里终止。

由于已不再有热量释放出来，引力占了上风，开始压缩恒星的核心。随着核心坍缩，其内部压力增加，温度上升到1亿摄氏度。

组装化学元素

引力，既是伟大的创造者，又是伟大的破坏者，处心积虑要压缩恒星本体，这有助于锻造新元素。幸好，恒星有一个秘密武器，在最后关头，能够牵制引力，而在这过程中创造重元素，这就是热核聚变。

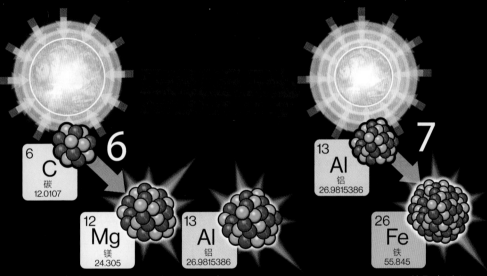

6 | C | 碳 | 12.0107

6

12 | Mg | 镁 | 24.305

13 | Al | 铝 | 26.9815386

13 | Al | 铝 | 26.9815386

7

26 | Fe | 铁 | 55.845

5. 在这一温度下，氦核聚变开始，而恒星又重新达到平衡。氦核聚变创造出新元素，它们对于在宇宙中散布生命是很基本的，即氧和碳。

6. 但是用不了多长时间（约100万年左右）恒星又终止了氦燃烧。随着核聚变又一次停止，引力再度肆虐，压缩核心，直到温度达到1亿摄氏度，从而开始了碳核聚变，创造如钠和镁这些更重的元素。

像太阳这样质量较小的恒星，没有足够的质量去产生为碳核聚变所需的压力，所以到这里它们就死亡了。对我们来说幸运的是，低质量恒星要费更长、更长的时间才耗尽它们的燃料。

7. 核聚变过程、燃料耗尽、核心坍缩和重新点火是反复进行的（每一次都形成更重的元素），直到最后产生了铁。铁是能在恒星内部产生的最重的元素。为要制造比铁更重的元素，恒星必须死去。

恒星的死亡

··

铁 56 的核是原子核稳定性的巅峰，没有其他元素有它这么稳定。通常我们认为稳定性是好事情，我们大家都想有稳定的关系，或有一座稳定的桥梁通行。但是，对于恒星来说，铁的稳定性注定了它的厄运。由于它过于稳定，它就不像它的前辈那样有同样的欲望去结合 α 粒子，那么要让铁 56 与 α 粒子结合形成更重元素的唯一途径就是输入更多能量到这个过程里去，而不是之前一直从反应里释放能量。所以核聚变再次在核心停止，但是这次却不可能重新开始了。这颗恒星已经无所选择，它的命运已经注定。

即使质量最大的恒星这时也将寿终正寝，先是坍缩，接着在一次猛烈的超新星爆发中炸碎。但是只有真正大质量的恒星才有足够强的引力作用在这个阶段去挤压核心，而个头较小的恒星在此之前早已摆脱了尘世的烦恼。例如，太阳的质量太小，人们只能看见它到达氦核聚变便终止了。通过抛出外层气体和留下的内核坍缩成为一个慢慢冷却的碳球，这等大小的恒星结束了氦核聚变，成为的碳球的大小相当于地球，叫作白矮星（如果你有资本家的癖好，不妨把它看成一块质量如同太阳达百亿亿亿亿克拉的巨型金刚石）。

但是一颗巨恒星甚至在灭亡的时候，还能为丰富宇宙的元素做出贡献。事实上，只有在巨恒星爆发式的垂死挣扎中，比铁更重的元素，诸如金、铅、汞、钛和铀等，才能产生。

当核聚变随着铁的产生而终结时，核心不再能自我支撑，它极其猛烈地坍缩，使得恒星的其余物质冷不防地被甩出去，悬浮在一个空隙的上方，就像华纳兄弟的与主角同名动画片中的主角韦尔·E. 科约特（Wile E Coyote）。当然这正如是对跑路者所做的追缉，引力最终会稳操胜券，而恒星物质又向核心掉落。

与此同时，核心释放出引力能的巨大爆震波，它们撞击向里落下的物质。当两者迎头相碰时，物质被压缩并剧烈地加热，形成了激波，这里的条件变得如此极端，以至于一些原子核被撕裂，另一些则受到狂轰滥炸而形成高能中子的狂风暴雨。这些中子被迫与重元素的核聚合，产生比铁更重的元素，其中大多数是不稳定的放射性元素，例如铀（自然界中存在的最重元素），它会衰变形成如金这样的元素。

当激波扩散遍及剩余的恒星物质时，它们一股脑儿统统被爆炸到太空中去，产生了一个巨大的云，其中有氢、氦、碳、氧、铁、金（和其他在恒星生存期间从未产生的一切

下转 123 页➞

CNO 循环

在质子－质子循环勉为其难的情况下（只对于老龄恒星）发生。

在碳氮氧（即 CNO）循环中，4 个质子转换成 1 个氦核，一路上释放能量。作为一种边际效应，碳转换成氮。不是所有的核都完成循环（否则就不会有纯净的氮形成）。

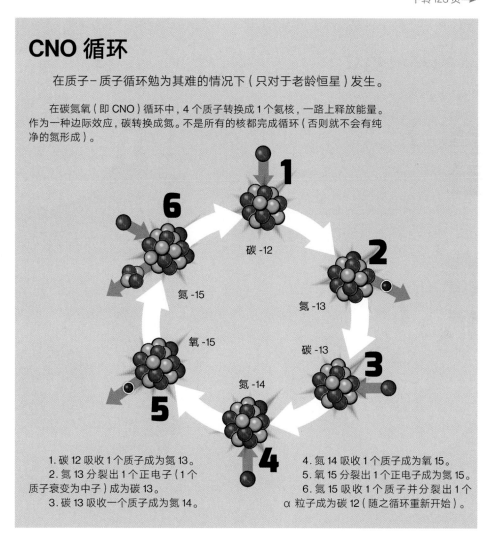

1. 碳 12 吸收 1 个质子成为氮 13。
2. 氮 13 分裂出 1 个正电子（1 个质子衰变为中子）成为碳 13。
3. 碳 13 吸收一个质子成为氮 14。
4. 氮 14 吸收 1 个质子成为氧 15。
5. 氧 15 分裂出 1 个正电子成为氮 15。
6. 氮 15 吸收 1 个质子并分裂出 1 个 α 粒子成为碳 12（随之循环重新开始）。

垂死挣扎：锻造最重的元素

铁核聚变要求吸收大量能量而不是释放能量。一旦恒星的核心充满了铁，它便濒临死亡了。核聚变反应停止，恒星处于引力的支配之下。这时正是恒星的垂死挣扎之际，各种最重的元素产生出来。

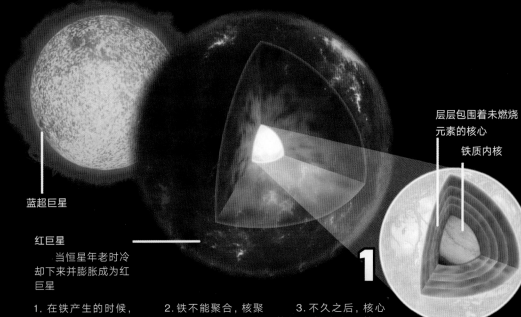

层层包围着未燃烧元素的核心

铁质内核

蓝超巨星

红巨星

当恒星年老时冷却下来并膨胀成为红巨星

1. 在铁产生的时候，恒星的核心酷似一只巨大的洋葱，被之前产生的所有元素的未燃烧剩余物层层包围着。

2. 铁不能聚合，核聚变终于停止，铁质内核在其自身重量的作用下剧烈地坍缩。

3. 不久之后，核心的其余部分也跟着坍缩，所有这些剩下的元素向正在坍缩的内核掉落。铁核只能迅速地一直坍缩下去，一旦它压缩成一个固态中子球，坍缩就停止了。

4. 剩余的向内掉落的核心物质冲击中子球而反弹，释放引力能的爆震波。

核心

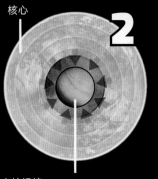

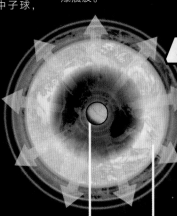

内核坍缩

在几秒钟之内，质量达 1.5 倍太阳的内核压缩成一个直径只有 12 千米的球。

核心坍缩的剩余部分

中子核心的剩余物质

核心物质"反弹"回

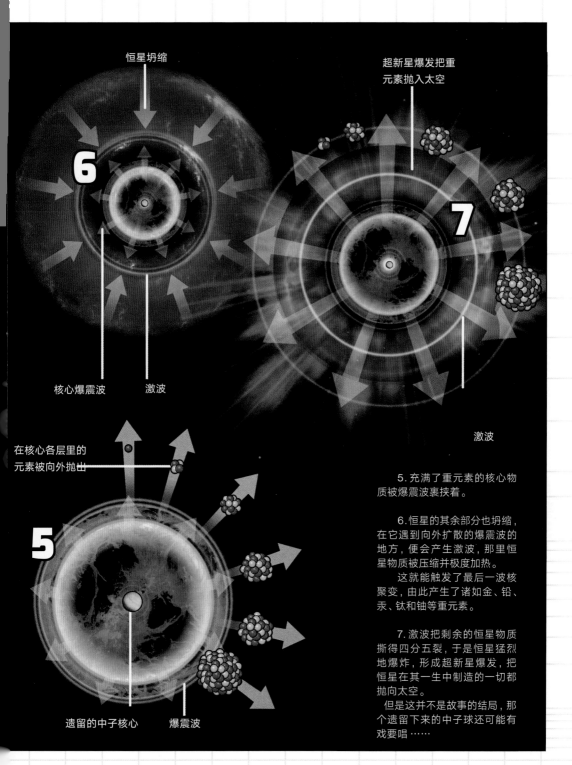

恒星坍缩

超新星爆发把重元素抛入太空

核心爆震波　激波

激波

在核心各层里的元素被向外抛出

遗留的中子核心　爆震波

5. 充满了重元素的核心物质被爆震波裹挟着。

6. 恒星的其余部分也坍缩，在它遇到向外扩散的爆震波的地方，便会产生激波，那里恒星物质被压缩并极度加热。
　　这就能触发了最后一波核聚变，由此产生了诸如金、铅、汞、钛和铀等重元素。

7. 激波把剩余的恒星物质撕得四分五裂，于是恒星猛烈地爆炸，形成超新星爆发，把恒星在其一生中制造的一切都抛向太空。
　　但是这并不是故事的结局，那个遗留下来的中子球还可能有戏要唱……

超新星遗迹：
来自死亡的绝色佳人

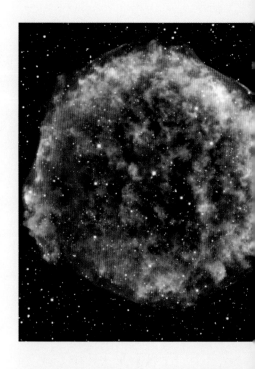

　　这些外貌惊艳的图像是超新星遗迹，这是恒星爆炸后四散分布的遗留物。最后这些碎片残渣将回收利用去形成新的恒星，它们将会有更丰富的重元素，那是在它们前辈的核心里锻造出来的。

上图：SN 1572（第谷超新星）的合成像。
左下：蟹状星云（NGC 1952）
右下：LMC N 49

　　我本来希望为这些佳丽给你一些更扣人心弦的名字，如阿伽门侬、艾罗普或德雷克，但是给它们取的名字是用来描绘它们的主要特征。例如，SN 1572 代表超新星 1572（它被发现的年份）（SN 是英文 supernova，即超新星的缩写 ——译注）。

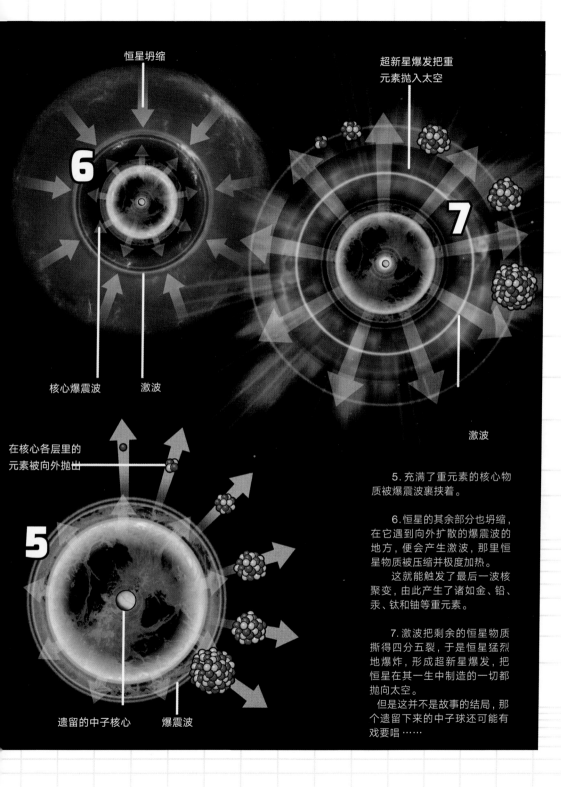

恒星坍缩

超新星爆发把重元素抛入太空

6

7

核心爆震波　　激波

在核心各层里的元素被向外抛出

5

遗留的中子核心　　爆震波

激波

5. 充满了重元素的核心物质被爆震波裹挟着。

6. 恒星的其余部分也坍缩，在它遇到向外扩散的爆震波的地方，便会产生激波，那里恒星物质被压缩并极度加热。

　　这就能触发了最后一波核聚变，由此产生了诸如金、铅、汞、钛和铀等重元素。

7. 激波把剩余的恒星物质撕得四分五裂，于是恒星猛烈地爆炸，形成超新星爆发，把恒星在其一生中制造的一切都抛向太空。

　　但是这并不是故事的结局，那个遗留下来的中子球还可能有戏要唱……

超新星遗迹：
来自死亡的绝色佳人

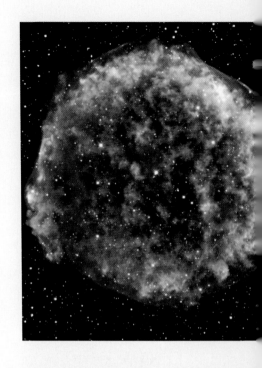

这些外貌惊艳的图像是超新星遗迹，这是恒星爆炸后四散分布的遗留物。最后这些碎片残渣将回收利用去形成新的恒星，它们将会有更丰富的重元素，那是在它们前辈的核心里锻造出来的。

上图：SN 1572（第谷超新星）的合成像。
左下：蟹状星云（NGC 1952）
右下：LMC N 49

我本来希望为这些佳丽给你一些更扣人心弦的名字，如阿伽门侬、艾罗普或德雷克，但是给它们取的名字是用来描绘它们的主要特征。例如，SN 1572 代表超新星 1572（它被发现的年份）（SN 是英文 supernova，即超新星的缩写——译注）。

◄──上接 119 页

元素）等包围着留剩的核心。这类富含各种元素的星云叫作超新星遗迹，或者行星状星云（这是一个容易误解的名字，是在天文学家还没明白行星的形成时给起的）。最终这些星云会收缩形成下一代恒星。

当星核碰撞时

直到不久前，人们还一直以为故事就到这里结束了，看来这是重元素产生的唯一可能的机制。但是，2013 年高分辨力的哈勃空间望远镜观测到高能爆发，来自 39 亿光年之外一个星系的辐射，这可能揭示了产生最重元素的第二种可能的机制：中子星碰撞。

中子星是大质量恒星的铁核经历了最后的超新星触发的暴缩后的遗留物。在铁核的最后几秒钟里，它的质量在 1.5~3 个太阳之间，坍缩成一个直径只有 12 千米~20 千米的球（这个球比曼哈顿岛还小些，如果把它放到太阳附近，它会产生足够强的引力，使得太阳环绕它旋转！）。

当原子紧紧地挤挨着，核与核之间的空隙以及环绕核的电子都被挤压干净，电子会被挤压进质子里去，把它们转化成中子。在短短的几秒钟里，铁球成为一个结实的中子球，它已经成了一颗中子星了。作为一段插科打诨的闲话，如果你有意把全球生活着的 70 亿人集合起来，把他们放进一架原子压榨机（作者不知道有这样一种机器，要是真的存在，那可能是阿克姆公司制造的），把他们压成中子星的密度，全体人类刚够放入一只糖缸大小的盒子。

如果这个恒星的遗留物（即中子星，可不是装人的小盒）遇到了另外一颗中子星，它们合在一起的引力表明这种相互吸引是不可抗拒的，这就像一切不幸的情侣相遇时一样，只能涕泗交流地终结。

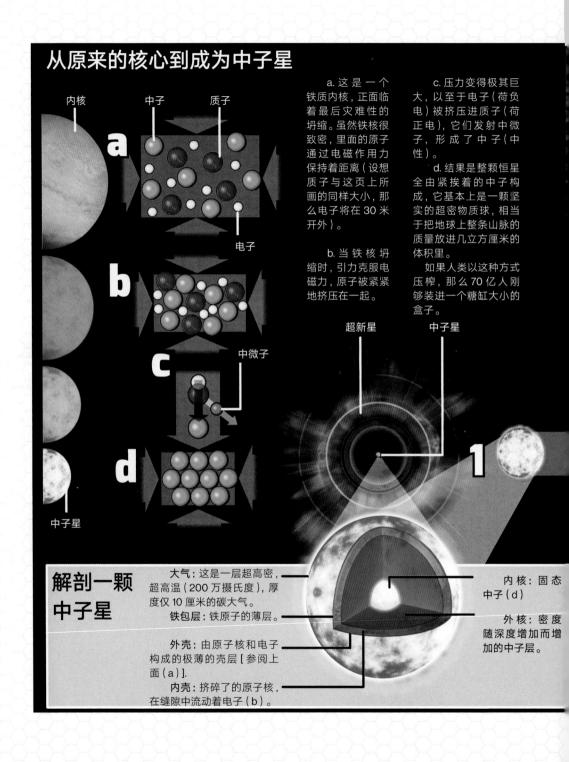

从原来的核心到成为中子星

内核

中子　质子

a

电子

b

c

中微子

d

中子星

a. 这是一个铁质内核，正面临着最后灾难性的坍缩。虽然铁核很致密，里面的原子通过电磁作用力保持着距离（设想质子与这页上所画的同样大小，那么电子将在 30 米开外）。

b. 当铁核坍缩时，引力克服电磁力，原子被紧紧地挤压在一起。

c. 压力变得极其巨大，以至于电子（荷负电）被挤压进质子（荷正电），它们发射中微子，形成了中子（中性）。

d. 结果是整颗恒星全由紧挨着的中子构成，它基本上是一颗坚实的超密物质球，相当于把地球上整条山脉的质量放进几立方厘米的体积里。

如果人类以这种方式压榨，那么 70 亿人刚够装进一个糖缸大小的盒子。

超新星　中子星

1

解剖一颗中子星

大气：这是一层超高密，超高温（200 万摄氏度），厚度仅 10 厘米的碳大气。

铁包层：铁原子的薄层。

外壳：由原子核和电子构成的极薄的壳层［参阅上面（a）］.

内壳：挤碎了的原子核，在缝隙中流动着电子（b）。

内核：固态中子（d）

外核：密度随深度增加而增加的中子层

原来的星核死灰复燃，有了新生机

超新星可能不是产生最重元素的唯一途径。绝大部分可能产生于超新星身后的遗留物，即称为中子星的超高密核心的遗存。

当中子星碰撞时

1. 一颗恒星作为超新星而爆发，身后留下中子星。中子星的质量大于 1.5 倍太阳质量，压缩在 12 千米~20 千米直径的球里，拥有巨大的引力能。

2. 所以当两颗中子星游荡着彼此靠得太近时，它们相互间的引力作用必然导致它们吸引在一起，开始相互环绕着旋转。

3. 它们被束缚在日益缩小的轨道里，（哎呀）这一对交霉运的情侣（真糟糕）运动得越来越快，以至于速度达到了每小时 6700 英里（1 英里 = 1.609 千米），终于碰撞在一起。

4. 它们的一些物质爆炸进入太空。中子的暴风雨侵袭周围环境中的粒子，并把它们极度加热，从而触发了一波核聚变，产生了诸如金、铅、汞、钛和铀这类重元素。

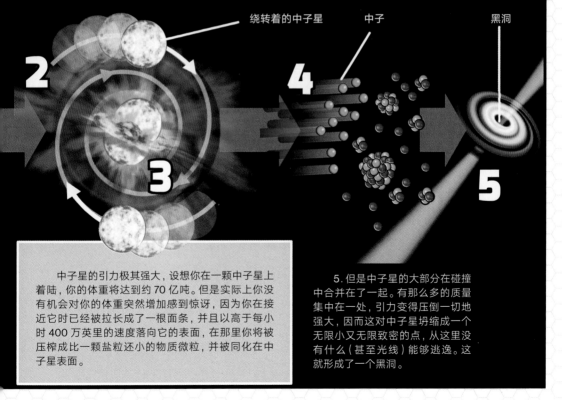

绕转着的中子星　　中子　　黑洞

中子星的引力极其强大，设想你在一颗中子星上着陆，你的体重将达到约 70 亿吨。但是实际上你没有机会对你的体重突然增加感到惊讶，因为你在接近它时已经被拉长成了一根面条，并且以高于每小时 400 万英里的速度落向它的表面，在那里你将被压榨成比一颗盐粒还小的物质微粒，并被同化在中子星表面。

5. 但是中子星的大部分在碰撞中合并在了一起。有那么多的质量集中在一处，引力变得压倒一切地强大，因而这对中子星坍缩成一个无限小又无限致密的点，从这里没有什么（甚至光线）能够逃逸。这就形成了一个黑洞。

什么时候一颗中子星不是中子星？

一颗高速旋转的中子星会从它的两极发射巨大的辐射束，它被称为"脉动的星"，即脉冲星。

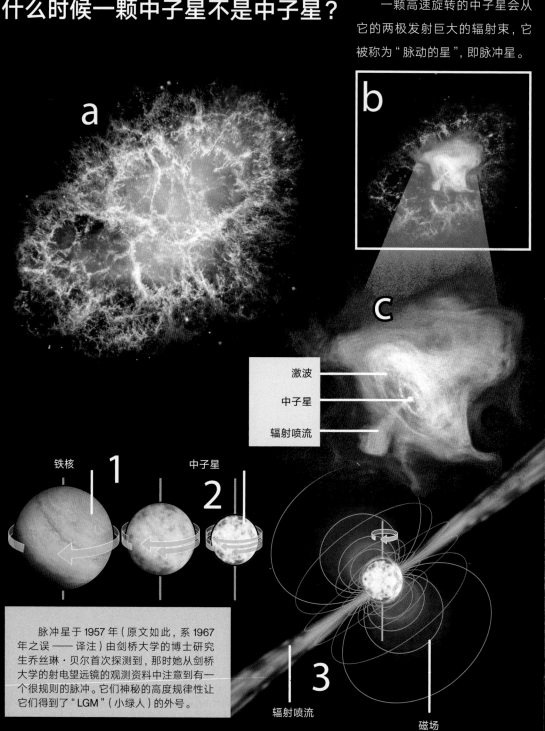

b

a

c

激波
中子星
辐射喷流

铁核

1

中子星

2

3

辐射喷流

磁场

脉冲星于 1957 年（原文如此，系 1967 年之误 —— 译注）由剑桥大学的博士研究生乔丝琳·贝尔首次探测到，那时她从剑桥大学的射电望远镜的观测资料中注意到有一个很规则的脉冲。它们神秘的高度规律性让它们得到了"LGM"（小绿人）的外号。

a. 这是蟹状星云，一个距离约 6500 光年的超新星遗迹，这是由美国宇航局的哈勃空间望远镜拍摄的可见光像。

b. 这是同一个星云，叠加上了由美国宇航局钱德拉 X 射线天文台的资料。这揭示了在星云中心的特殊结构，这实际上是一颗中子星，即产生这个星云的超新星身后的遗存。

c. 但是这颗中子星实际上是高速自转着的脉冲星，它向周围的星云喷射着高能辐射喷流。在喷流与星云物质相互作用的地方，产生出激波。

脉冲星如何运行

1. 就在一颗恒星刚要作为超新星爆发之际，燃料耗尽的铁核坍缩。与所有恒星一样，这颗星在死亡前也自转着，而这种自转也保留在核心里。

2. 随着核心坍缩，它的自转加速，所以就在它成为中子星时，它的自转可能高达每秒 1000 转（不过大部分只能每秒完成几转）。

3. 中子星拥有极其强烈的磁场，由于星体在自转，它的作用就像一台巨型发电机，产生强大的电流。

这些电流沿着磁力线流动，就像超级粒子加速器一样运作：从星体表面卷起质子和电子，把它们喷射进太空，形成高能辐射的射束。

只在当这些喷流直接指向地球时，我们才能看到，由于星体自转，喷流也随之转动。从地球上看去，喷流就成了脉冲式的辐射，因此有了"脉冲星"的名称。

在它们相互绕转的同时，它们彼此拉得越来越近，由于角动量守衡，它们的绕转速度增加（一名冰上运动员把双臂由外伸收回到体侧时，旋转速度加快），直到它们的合成速度超过每小时 1.3 亿英里，它们猛烈地相撞在一起，以至于把几十亿吨高能中子猛然抛掷进太空。这些中子一头闯进周围环境中的粒子里，把它们极度加热并聚合形成重元素。

中子星碰撞并把它们的所有质量结成一团的另一个副产品是产生一个黑洞（在后面将详细叙述）和极其耀眼的辐射闪光，这叫作 γ 射线暴。

幸亏资本家开拓公共关系的本能，哈勃空间望远镜的发现制造了全球性的新闻，这就是探测到在这样一次事件中可能有多达 10 倍于月球质量的黄金产生（不必在这样的诱惑前无动于衷，本书作者为英国《大都市》报写的这个故事的标题是"来自宇宙爆炸的金币"，我并不为此感到自豪）。

显然，孤立的一次观测不是科学的舆论来源，但是，如果这说明了重元素确实是通过中子星碰撞而如此大量地产生，这就能解决几十年来让天体物理学家挠头的问题。因为，虽然恒星核聚变（核合成）理论对于直到铁（包含铁）的重元素的产生很成功，但是比铁重的元素呢？当他们估计那些只能在超新星爆发中产生的重元素的量时，结果总是比我们今天在宇宙中看到的量短缺。

无论如何，不论是否只能在巨恒星垂死挣扎的爆炸中，还是在中子星的碰撞中，或者在两种过程中都能产生，结果是相同的：所有比锂重的元素是由恒星制造的，并且通过巨大的宇宙规模的爆炸散布到整个宇宙。

有朝一日，所有这些重元素将汇聚起来构建行星和生命，使生命在行星（至少在其中一个）上繁衍。但是一个更直接的副作用是重元素对星际气体有剧烈的冷却作用（比那些简单的氢分子的作用远大得多）。它们制造尘埃颗粒，起着冷却剂的作用，把热量从尘埃中辐射出去，并使它们收缩得更快。结果恒星开始更快地形成，而且由于它们集聚气体所花的时间较短，这些第二代恒星比较小，燃烧比较平缓，所以它们的寿命更长。

就这样，只不过经过了短暂的几亿年，我们所在的这个宇宙已经前进了，从单一的气体云，其中有一些难以察觉的密度起伏的区域，发展成布满了的大质量恒星，它们制造的重化学元素散布到宇宙空间。

但是到此为止，我们并不是与第一代恒星一刀两断了。前面我们叙述的内容有许多涉及后面几代恒星（已经富含重元素）的生命如何结束。我们的第一颗恒星不是由比锂更复杂的元素构成的（锂原子核包含 3 个质子和 3 个中子，它们在恒星中的含量很低），通常认为这类恒星比后几代恒星质量大得多。虽然近些年来对它们大小的估计已经下降，但还是认为它们的质量大于太阳的 25 倍。质量这么大的恒星仍然会制造重化学元素（除了氮以外，因为它要求有碳和氧存在），经历核心坍缩，作为超新星爆发，并形成重元素更丰富的气体云。然而，它们的质量那么大，它们的核心包含了那么多的物质，这样坍缩就必然发生，创造出宇宙中最极端和最神秘的一种现象：黑洞。

黑洞：当引力施展身手

一颗恒星，如果它的核心质量超过了 3 倍太阳，在达到中子星阶段后还不会停止坍缩，而是坍缩一直持续下去，直到所有质量集中到一个微小的点上，这个点叫作奇点。正是这个奇点成了给黑洞灌输能量的引力发动机。

让我们适时地停留一会，来考察一个奇点多么微小。如果你考虑一颗盐粒（它确实很小）的大小约 0.0001 米（1 前面放 4 个零），那么要写出一个奇点的大小，你就要在 1 前面写上 35 个零，写出来就是：0.000000000000000000000000000000000000001 米（请记住在这个不可思议的小的点里包含了几倍太阳的质量）。

数学家试图描绘在奇点里发生了什么，他们得到的数字趋向于无穷，物理定律不再成立，时空不再存在（它们在奇点里的状态就像宇宙在大爆炸中诞生时），所以我们还不能切实地了解奇点。但是我们能够理解它对周围空间产生的效应。

在奇点周围，引力极强，以至于时空变得无限弯曲，并产生极深的引力势阱，任何事物（即使光线）都不能有足够的能量"爬"出去从而逃离它的魔掌。光线若"掉进"引力势阱的边缘便会永久消失，那个范围叫作视界，这也正是我们叫它为黑洞的黑暗区域。

黑洞是最引人入胜、奇幻莫测和鲜为人知的宇宙现象之一。几十年里它们曾经是科幻故事里邪恶的主角，通常被描绘成狰狞的巨兽，潜伏在宇宙黑暗的渊薮里，虎视眈眈地等候着任何一个倒霉蛋，大口吞入自己的无底深渊。但是，尽管黑洞活该背负恶名声，它们却是宇宙构造中的重要零件，是在构建星系这类恢宏魁伟结构中的要件，我们将在下一章里用到它。

黑洞：
当引力走向极端

　　并不是所有大质量恒星以中子星了结一生：对于质量真正巨大的恒星（例如宇宙的第一代恒星）来说，它们的命运甚至还要惹人注目。它们的核心坍缩成为引力的终极霸主，也就是成为了黑洞。

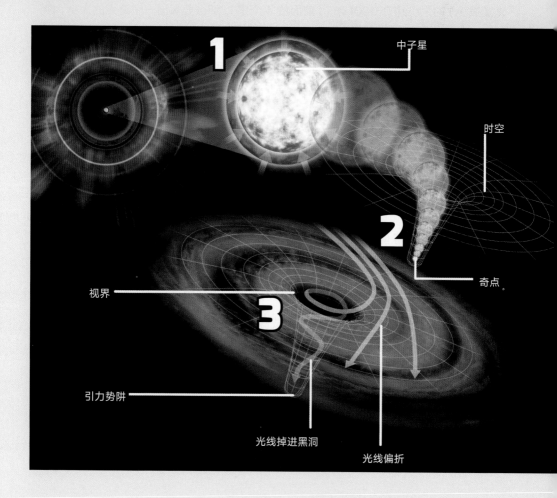

1. 对于一颗核心大于 3 倍太阳质量的恒星来说，引力并不会在中子星阶段停止对它的压榨，而会继续施压，直到它被压缩成大小难以察觉，质量异常巨大的小点，这一点叫作奇点。

2. 在奇点周围（我们熟知的）物理定律都失效了，时空成为了无限弯曲。这创造了一个极其强大的引力场，任何事物一旦接近，便会被风卷残云般地吞噬而永久消失。

3. 在一去不返的点上引力势阱深到无从逃逸，这叫作视界。在视界以内，即使光线再快也逃不出去，这一"黑暗"的区域被我们叫作黑洞。

4. 任何邻近黑洞的物质都有向它掉落的趋势。但是它不能把一切物质都一口吞下，所以物质在视界边上"排队等候"，这就产生了一个旋转着的物质盘，这叫作吸积盘。

5. 当然，时空并不是两维的薄片，它是三维的（如果算上时间就是四维的）。这就说明黑洞更像一只球，在它的中心点时空紧缩成为焦点（奇点）。

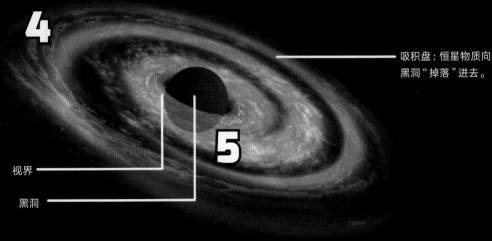

吸积盘：恒星物质向黑洞"掉落"进去。

视界

黑洞

第7章　会见星系园丁

本章里我们暂时放弃宇宙建筑场所的比喻，而切换到宇宙的局部。我们培植几个大星系，并雇请黑洞经营我们的宇宙园地。

迄今为止，我们开垦了几块氢气的荒地，撒播上恒星的种子，并守望着它们长大、开花和死亡，乃至于把富含重元素的花粉撒布在宇宙，为下一代恒星施肥。

每一位好园丁都会告诉你，如果你想要一个真正丰饶的花园，那你就需要有人专心照料它。要翻锄土壤、播下种子和施上肥料。如果植株排布太密，必须疏散，它们的生长必须管理。总之，你需要一位园丁，那么回头来看我们关于星系花园的新比喻，令人惊奇的是这位角色竟然是由超大质量黑洞充当。

黑洞的来龙去脉

只有在爱因斯坦广义相对论的篇章里，才会冷不丁地冒出关于黑洞这样古怪东西的念头来（就像从一本书里掉下一张曾经用来作为书签夹进去而被忘记的汽油账单）。这位伟大的物理学家重新定义了引力，认为引力是有质量物体对时空组织扰动产生的效应，这时他不经意间预告了存在某种实在可怕的东西 —— 一种质量那么大的天体，它们极度扰动了宇宙组织，以至于把自己紧紧地束缚在时空茧里，即使光线也不能从那里逃逸，事实上空间和时间在那里也不复存在。

爱因斯坦本人厌恶黑洞的想法，并因它在理论上的存在而困扰，认为这显示出他计算上的缺陷。但是黑洞是确实存在的，在几十年的疑惑之后，到了20世纪70年代，黑洞已不再仅仅是理论的产物，终于显露真容，成为宇宙空间最神秘莫测的

现象之一。

　　今天，我们知道黑洞在宇宙中普遍存在，而且在每个星系（包括我们的银河系）里，都蜗居着几百万个质量为几个太阳的小黑洞。它们徘徊在星际空间、饥不择食地吸食气体、尘埃，有时还有游荡的恒星。此外，我们也知道，还有更极端的超大质量黑洞隐藏在每个大星系的中央，包含几百万乃至几十亿个太阳的质量，它看起来起着轮毂的作用，它周围的整个星系环绕着缓慢旋转。

　　天文学家猜测在星系与隐藏在其中央的超大质量黑洞之间必然有某种联系。这种联系的确切性质还远远没有充分了解。它们是并驾齐驱地一起演化的吗？黑洞是作为包含它的星系的副产品而形成的？还是由于包含气体和恒星的巨大星云在黑洞强大的引力作用下向它掉落，从而星系在它周围形成的？这真是一个要回答"先有鸡还是先有蛋"的窘境。

　　可惜，黑洞和星系的形成是宇宙中两个最含糊不清的现象，但是有足够的线索使得宇宙学家开始构建一种图像，可望展示超大质量黑洞确实影响着其寄主星系的演化。

　　但是，黑洞怎样才能对大如星系这样的天体起作用，而产生有意义的影响？即使质量最大的天体，在包容它的星系面前也不过是侏儒。例如，一个具有几十亿个太阳质量的超大质量黑洞只是其所在星系总质量的一小部分，通常不到百分之一。这就好比说，一个巨石大小的物体能够影响整个地球大小的行星。

　　但是，我们要向前跨越几步。在我们探索超大质量黑洞与星系间的联系之前，把经营花园的比喻搁置一旁，我们首先要去构建它们。

星系演化（星系团和超星系团形成）　　　　太阳系形成　　　太阳死亡　　　　　　宇宙的命运

10 亿年　　　　　　　　　　　　　　　　90 亿年　　　　187 亿年

构建星系

自从大爆炸开创了万事万物以来，大约 7 亿年过去了，宇宙里已经散布着许多原星系。这是一些模糊而小的气体尘埃云，散布着环绕质心旋转的恒星，正在全面进行着一项十分细致的工作，就是把宇宙重新电离，让黑暗时期终结。

现在，要记得这时的宇宙还远未年老，因而离今天的大小还相距甚远。这就意味着空间的"空隙"很小，不允许这些原星系到处漫游，它们还会时不时地相互碰撞。

像所有大质量天体一样，当两个星系游荡得太近时，它们就会处于相互引力的吸引之下（它们从引力的山巅上滚落下来），开始彼此绕转。这一对缠绕在一起的星系，被禁锢在难解难分的双人圆舞中，终于在气体和恒星的大旋涡中碰撞在一起。

但是，这并不是灾难性的碰撞，譬如当两颗行星撞碎那样。相反，由于在原星系里的一切东西都分布得很稀疏，它们只是并合（merger 一词在天文学上用于两个星系或恒星，则称"并合"，其他一般场合用"合并"）在一起，气体混合在一起，使得恒星骤然间处在了稍微厚实一些的星系盘里。

对于小星系来说，这种并合还是有十分破坏性的，它们的物质都被搅和进去，合成后的质量力图达到平衡态以产生一个共同的质心。尽管它们的恒星不会有更多碰撞的危险，但是两个星系里的巨分子云却猛然相撞在一起变得更加稠密，并点燃了剧烈的形成恒星的烈焰（在此之前，作为弥漫的气体云是能够"相撞"在一起的）。

星系里现存的恒星处境维艰。在星系碰撞中，它被从原来有序的公转中撕裂出来，而在新并合的星系里漂移进随机的轨道。如果它们运气好，那么在星系重新平衡后，将能找到环绕新质心的新轨道，终于做起缓慢的公转，这种禀性来自于原始氢云最初的收缩。

但是，那些倒霉蛋则在星系碰撞时被猛甩出去，阴暗地度过它的余生，作为恒星中的遗孤而孤单地在宇宙里流浪，这称为游荡星。

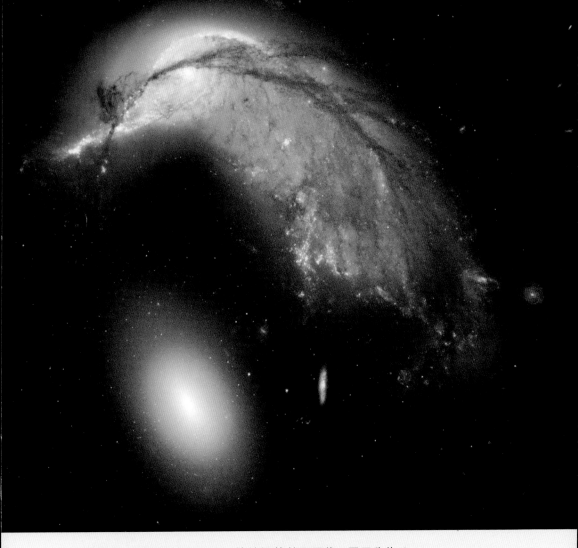

美国宇航局的哈勃空间望远镜拍摄的壮丽图像，展示称为 Arp
142 的星系对的相互作用。企鹅星云，即 NGC 2963 曾经是一个不折
不扣的旋涡星系，但是在它与小椭圆星系 NGC 2937 的相互作用中，
它的物质已经被杂乱无章地抛出并延伸开来。企鹅的蓝色羽衣当前
是因相互作用触发的恒星猛烈形成的区域，呈现出一只宇宙大企鹅。

大质量星系的成长

正如第一批恒星和原星系的形成是由于粒子通过它们的相互引力作用而结合，我们今天看到的巨大星系结构也是以同样的方式，由小星系拖拽在一起而形成的。

1. 这是星系在作用中形成的图像。在图的中央是一个由矮星系组成的星系团，它们正在相互拖拽到一起去。在几百万年里，它们将并合而形成一个新星系。这个星系团叫作蛛网星系，距离106亿光年。所以我们看到的正是大爆炸后30亿年的景象。

两个矮星系的并合正像眼花缭乱的芭蕾舞，这里两名舞者在几百万年的过程里慢慢地相互回旋。

2 3 4 5 6 7

2. 两个矮星系通过引力束缚在一起，开始环绕它们的共同质心慢慢起舞。

3. 随着它们越来越接近，伸展出稀薄的气体和尘埃旋臂去缠绕对手的核心。

4. 最终这一对舞者紧紧拥抱，它们合成的自转把它们的物质搅和进猛烈的旋涡中，使它们的恒星和气体合并在一起。

5. 它们的核心并合，这一对星系合而为一。气体和尘埃掉落到新形成星系的中心，点燃了形成恒星的烈焰。

6. 新的大质量星系把更多的小星系拉向自己。随着每一次并合，星系获取质量，并触发了一波又一波的形成恒星的热潮。

7. 终于星系获得了足够的质量，它的结构已不再能通过吸收矮星系而受扰动。

星系的核心怎样形成

并合星系的计算机模拟显示，气体和尘埃如何向里"掉落"并沉积在星系的中心。经历一定时间，自转造成星云变扁，产生人们熟悉的星系盘。

进行中的星系并合

上图：这两个星系的距离约 3 亿光年（所以我们看到的这个景象出现在恐龙产生之前）。这一星系对称为 Arp 273，被它们的相互引力作用扰动。较小的星系显示出活跃的恒星形成征兆，这表明它可能曾经穿越过较大的星系（显示出星系的非本质属性）。

下图：最和谐的匹配的星系对：这两个星系称为老鼠星系，将在约 4 亿年内并合成一个旋涡星系（考虑到它们的距离是 2.9 亿光年，所以它们将在 1.1 亿年后并合。……此后的 2.9 亿年内，我们将看不到这只老鼠）。

星系的分类

天文学家仍然在使用着爱德温·哈勃于 1926 年创建的分类系统,即把星系按照它们的形态分类。

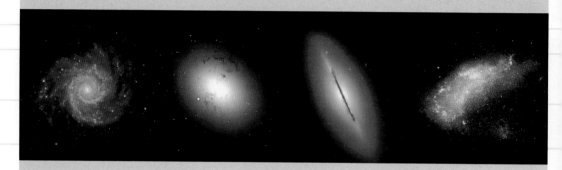

旋涡星系

旋涡星系或许是最形象的。它们是自转着的气体、尘埃和恒星的扁平盘。就像一只巨型的宇宙风车,它的中央有一个稠密的由老年恒星组成的核球,旋臂在环绕着它旋转。旋臂通常是恒星形成的场所。银河系是一个旋涡星系。

椭圆星系

它们看上去像模糊的鸡蛋或足球,包含的气体很少,没有新恒星能够形成,所以大部分是老年恒星,了无生机。它们被认为是星系剧烈碰撞的产物,碰撞中把大部分能形成恒星的气体抛掷出去了。宇宙中最年老的恒星就在椭圆星系里。

透镜状星系

这是介于旋涡星系和椭圆星系之间的一种星系,它们也是盘星系,中央有一个稠密的核球,这像旋涡星系,但是没有特征性的旋臂。此外,它们失去了大部分星际气体。所以它们也没有活跃的恒星形成,它们也主要由年老的恒星组成,这类似于椭圆星系。

不规则星系

顾名思义,不规则星系没有确定的结构。它们可能是星系碰撞或并合的产物,还不曾有机会达到平衡状态而成型,或者它们可能只是缺乏自转动能,不足以形成旋涡状或椭圆状。

星系的次型

根据星系形态的不同,还可划分为不同的次型。

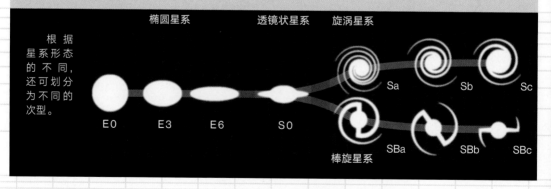

星系继续在宇宙间漫游，这个过程反复进行，反复起作用，当它吸收越来越多的原星系进入它日益增大的核球时，就慢慢积聚质量。随着星系获取质量，它自转得越来越快，并开始变得扁平，形成一个盘（就像一个比萨饼面团甩向空中旋转）。在仅仅短暂的几十亿年时间里，一个原星系起初只不过是由恒星照亮的气体云，已经成为充分成长的星系，包含几十亿颗恒星，扩展到 8 万亿立方光年的空间，整体上环绕中心核球慢慢旋转，就像一台巨型的、闪光的风车。

银河系的年龄多大？

人们认为我们所在的星系在宇宙年龄 30 亿至 40 亿年期间已经相当完美地呈现现在的旋涡盘。但是银河系里最年老的恒星在大爆炸后仅仅 2 亿年就已经形成，这意味着它是由许多小星系构建而成的。

在此以后遥远的将来，有一天在一个名为希腊的国土上，有人仰望天空看到一条雾蒙蒙、乳白色的光带，看上去像是环绕着整个天空，就把它叫作"牛奶圈"。后来又被叫作牛奶路（这是西方人的叫法，在我国自古以来就叫作银河 —— 译注），这就成了所有这类天体结构名称的来源。

古希腊人没有精良的装备去洞察银河的本质（一直要到 17 世纪，伽利略·伽利莱首次使用望远镜揭示出"牛奶"实际上是由无数恒星组成），否则他们本该识别潜藏在银河系中心神秘的怪兽 —— 一个可怕的生灵，它能吞噬恒星，并迫使整个星系屈从它的意志：一个称为超大质量黑洞的宇宙妖怪。

构建超大质量黑洞

科学界还在努力创建驱动超大质量黑洞形成的机制，不过已有几个先导性的理论。其中受人瞩目的是从内往外的过程，即黑洞首先形成，恒星和星系随后产生，或从外往内的过程，即恒星演化至死亡后产生黑洞（参阅第144—145页）。

从外往内的一种理论认为，在星系并合的过程中，涡流能够把正在聚集的物质卷进旋动气体的大旋涡（就像一支桨摇过水面在尾迹上产生旋涡），这就把气体集中到它的中心去了。质量就这样快速成团后下沉到星系的中心，在其本身的重量下收缩，形成了一种质量极其巨大的恒星，大小是太阳的几万倍。在不到1秒的时间里，核心实在不能产生足够的热量来支撑全部质量，从而坍缩而形成黑洞。由于它完全绕开了乱糟糟的超新星的制约，这个年轻的黑洞将会有相当于1万颗恒星质量的物质正在它的眼前供它饕餮，而不必跑出门外去掠食走近它的任何东西。

另一种从内往外的理论认为，超大质量黑洞的历史可以追溯到开创宇宙的最初期，而且可能曾经在星系形成中插一手。这条思路是，当暗物质首先交织成纤维状的网络时，在纤维结合处的结点上，它们产生很深的引力势阱，足以吮吸大量的正常物质。然后，它们收缩生成了与上文质量极端巨大的恒星类似的某种东西，这次轮到它坍缩成为一个超大质量黑洞。

这些黑洞料想后来会像渔夫的鱼钩那样作为，吸引并俘获正常物质的云，帮助它们收缩成为原星系。随后由黑洞引发的巨大的外向能量流可能开发出局部收缩的区域，导致后来第一批恒星形成。

但是，最可接受的理论机制（和从底往上过程的原始模型）可能应显示黑洞在其寄主星系的协作下而演化。

星系的集合

让我把钟的发条再往上紧几十亿年，让星系倒退回去，恢复到起初原星系的形态。如果我们用长焦镜头推近了去看，除了稀稀拉拉的恒星和大团大团的气体以外，你真的看不到多少东西，因为黑洞显出了它们的本性，真的一团漆黑，但是如果你浏览一下我的《谷歌黑洞揭秘》软件（是否属于专利未定），你将看到原星系星罗棋布，夹杂着一些死亡恒星身后的小黑洞。

它们中的大多数并不很大，只包含几个太阳的质量，不过其中有一些的质量稍微大些。它们可能是由原在双星或三合星系统里的恒星形成的。它们不必沉浸在它们前代恒星的遗迹里觅食，这些幸运的小家伙们有一两名同胞兄弟供它不断吸食，就在这么一场恒星间杀掠同胞的回合之中，长大到从譬如只有 10 个太阳质量，直到 20 个或 30 个太阳质量。

由于这个贪吃不厌的黑洞质量显著地大于周围物体，它就可能沉向星系中心（就像一块石头沉到一大缸粥的底下），一路上继续狼吞虎咽地吞噬零星的气体云，直到一旦面临永久的强制禁食。但是，这个家伙交了好运，因为它所在的星系正要去与另一个星系并合。

这两个星系相撞，充分地混和在一起，终于达到平衡态而成为一个更大的星系，但是在气体的大动荡中，我们的黑洞遇到了一名同伴。它的这位朋友来自另一个星系，也比星系里的其他同胞质量稍大，两者吸引到了一起，就像它们的寄主星系已经跳过的回旋华尔兹的小型版本，这两个黑洞并合，把它们的质量结合成为一个单一的、更加令人侧目的引力的渊薮。

随着这个黑洞质量的增加，它义无反顾地向新星系的中心沉落，沿途不断风卷残云般地吸食所有新注入的气体，直到到达终点，静下心来等待新星系注定给它的一份份食物。

就这样，正如大多数星系的并合一样，并合、沉降、吸食、再并合的过程反复进行直到黑洞成为超大质量的巨兽，一个几百万恒星质量的宇宙肿瘤，在一个充分长大的星系中心的深处脉动着。

黑洞发电站

现在我们有了蕴含着几百万颗恒星的引力能的黑洞，它可能使我们碰到未来地球毁灭的意外事件 ……（我请你坐下来安静一会）…… 并不是所有黑洞都是黑的！

下接 146 页 ➜

把"超大质量"放进黑洞

具有数亿太阳质量的超大质量黑洞被认为生活在几乎每一个黑洞的中心。我们还不确切了解超大质量黑洞起初怎样集聚它们的超常质量，但是有三种先导性的理论……

三条途径导致黑洞过度肥胖

前两种理论涉及质量达几万个太阳的不稳定恒星

核心坍缩

A

理论 A：暗物质收缩

远在第一批原星系从原始氢云里收缩成型之前，暗物质已经造就了它的引力精灵，这就是巨大的纤维网络。

当纤维交织在一起形成交点或称结点时，暗物质固有的质量有足够的引力拖拽海量的物质，创造巨大的恒星（即巨星），其质量达几万个太阳（如上图所示）。

不论巨星是按照理论 A 还是理论 B 的过程产生的，结果总是一样……。它的惊人的质量使得它不可能在核心内产生核聚变以支撑它的硕大体量，所以核心几乎立刻就坍缩，在恒星的核心形成一个大质量黑洞。然后它通过吞噬其母恒星的剩余物质和掠食经过的恒星和尘埃云而获取质量。

B

理论 B：星系碰撞

这个理论中的大戏要在暗物质收缩理论之后几亿年才开演，这时已是星系演化时期……。当两个星系碰撞时，撞击会造成强烈的涡流区域（如上图所示），这就把气体驱赶进旋涡中。这会吮吸海量的气体，它们将沉降到星系中心，并收缩形成极不稳定、极其巨大的恒星（即巨星）。

难以置信的是，这个过程确实还在今天的宇宙里发生（虽然规模较小），在宇宙中最大质量恒星的核心里。沃尔夫 - 拉叶星就是这样一种大质量恒星，它不是作为超新星而爆发，它们的核心在恒星内部坍缩，使得这颗恒星的核心成为黑洞，它还在内部啃食着星体。

黑洞

辐射喷流

C 理论 C：星系并合并享用大餐

黑洞相遇并并合 ——

吸积盘

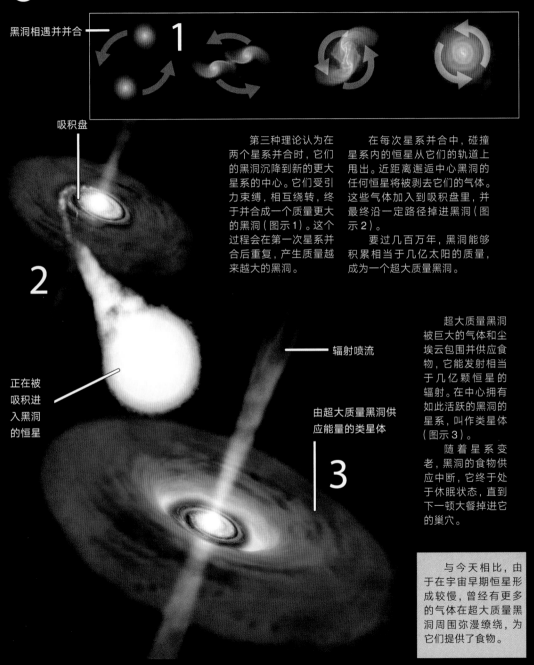

2

正在被
吸积进
入黑洞
的恒星

辐射喷流

由超大质量黑洞供
应能量的类星体

3

第三种理论认为在两个星系并合时，它们的黑洞沉降到新的更大星系的中心。它们受引力束缚，相互绕转，终于并合成一个质量更大的黑洞（图示1）。这个过程会在第一次星系并合后重复，产生质量越来越大的黑洞。

在每次星系并合中，碰撞星系内的恒星从它们的轨道上甩出。近距离邂逅中心黑洞的任何恒星将被剥去它们的气体。这些气体加入到吸积盘里，并最终沿一定路径掉进黑洞（图示2）。

要过几百万年，黑洞能够积累相当于几亿太阳的质量，成为一个超大质量黑洞。

超大质量黑洞被巨大的气体和尘埃云包围并供应食物，它能发射相当于几亿颗恒星的辐射。在中心拥有如此活跃的黑洞的星系，叫作类星体（图示3）。

随着星系变老，黑洞的食物供应中断，它终于处于休眠状态，直到下一顿大餐掉进它的巢穴。

与今天相比，由于在宇宙早期恒星形成较慢，曾经有更多的气体在超大质量黑洞周围弥漫缭绕，为它们提供了食物。

黑洞不吸取

大家都听说过黑洞把经过它附近的一切都"吸食"干净，就像它是某种超巨型的宇宙真空吸尘器。但是，当物质被横扫进入黑洞的时候，并不包含吸取的过程。相反，黑洞的引力如此强大，它们先把物质驱赶进时空组织，然后再把时空组织向里拖拽，经过这种空间特殊结构的任何事物，都会随着时空一起被拖拽，在到达离黑洞的最近点时，时空以极快的速度向内流逝，任何事物不可能有足够大的速度逃离。

我承认这个说法似乎在公然违背普遍接受的认识（事实上，有大量关于黑洞的叙述恰恰没有违背认识，却有人公然蔑视它，使劲掴它的耳光，辱骂它的先人，并偷盗它的午饭钱），但是，这是一种关键性的异常说法，它可能对星系的其余部位产生有意义的结果。

真的，在视界（或"边缘"）以内的区域，光和物质成为引力的永久囚徒，黑洞真是要多黑有多黑。但是，黑洞同时能辐射足够大的能量照遍整个星系，而星系里的一切都屈服于集中在视界里的、异常强大的引力。

一个黑洞将吞噬走得太近的任何事物，但是，正像水从洗涤槽里排出那样，那么多的水只能从一个出水口向外流出。所以，尽管黑洞可以从整个恒星剥离出气体，但它不可能一口吞下那么多，其余的大量恒星物质就在它周围形成了一个旋转着的物质盘（就像水在出水口那里打转），这叫作吸积盘。

在旋转着的吸积盘里，外层区域比靠近黑洞的区域运转慢得多。设想在辐条上系着小挂件的自行车轮子（20 世纪 80 年代这类小挂件你常能从购物袋内得到）。如果你把一个挂在靠近轮胎的外边缘，把另一个挂得靠近轮毂，那么外边缘的那个随着轮子的旋转，绕过较长的距离，所以它在空间运行较快。这对于刚性的自行车轮子完全合适，但是黑洞的吸积盘是流体的动力学系统，所以不同的物质带以不同的速度旋转。在不同物质带相互作用的地方，粒子在一起相互摩擦，因而动能转化为热能。由于粒子在摩擦中失去动能，便慢了下来，你可能会回忆起，这使得它们对

视界有多大

即使质量最大的黑洞，它的视界也比它们所在的星系小得多。

10个太阳质量黑洞的视界宽度约37英里，宽度与美国最小的州罗得岛相同，或者说相当于意大利靴子最狭窄的那处。

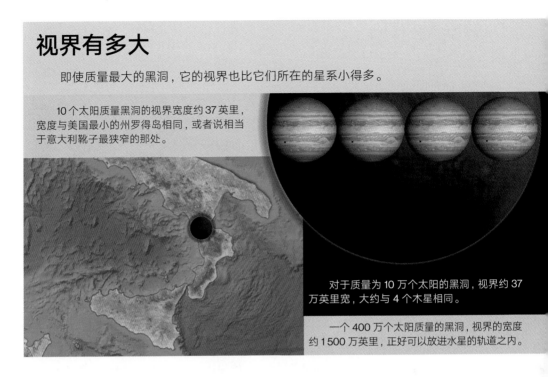

对于质量为10万个太阳的黑洞，视界约37万英里宽，大约与4个木星相同。

一个400万个太阳质量的黑洞，视界的宽度约1500万英里，正好可以放进水星的轨道之内。

引力的作用更加敏感（它们失去轨道能），因而物质盘旋着向黑洞掉落。

视界上的事件

物质经过黑洞的嘴唇"掉落"的那一点，即有去无回的那一点，这里即使是光，速度也还不够快，不足以逃逸，这叫作视界或史瓦西半径（以德国天文学家卡尔·史瓦西命名，他在1915年提出了黑洞的概念）。正是在视界上，一切事物都实实在在地消失。

像行星一样，星系和宇宙中的万事万物，包括黑洞都在自转，恰恰是黑洞自转快得令人眼花缭乱。黑洞是由恒星形成的，而所有恒星都自转。所以，当一颗恒星的核心开始收缩，角动量守恒导致恒星自转加速（设想一名自转着的花样滑冰运动员 —— 是的，我再次用上了这个令人厌倦的陈腐比喻 —— 收拢他的双臂以加速旋转）。当恒星坍缩成为中子星的时候，它的自转能快到每秒1000转，就这样当它坍缩到奇点的时候，黑洞的自转可能快得达到光速的99%以上。不过，更确切的说法是时空本身的自转接近光速。

怎样使黑洞发光

黑洞是时空组织中真正深不可测的洞，它蛰伏在时空中吸呐着光和物质。它们也是强大的引力发动机，能够从物质吸取能量，它采用的方式使恒星的核熔炉黯然失色。

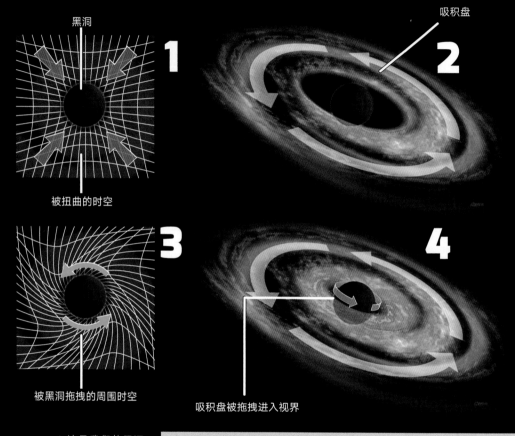

黑洞

被扭曲的时空

吸积盘

被黑洞拖拽的周围时空

吸积盘被拖拽进入视界

1. 这是我们的黑洞。它使它周围的宇宙组织弯曲，形成一个深深的引力凹陷，以至于连光也不能从这里逃逸。

2. 在黑洞周围有一个吸积盘，一个由环绕着黑洞混杂纷扰的气体和尘埃组成的盘。如果黑洞只是静静地待在那里，盘中物质的轨道动量足以阻止它们向中心掉落（正如地球不会落向太阳那样）。

黑洞是死亡恒星的核心坍缩后的遗留物。自转是恒星的属性，在它死亡之际，它把自转转移到它的核心。随着核心在其本身引力作用下坍缩，核心的自转加速，直到它成为一个黑洞，这时它的自转能够达到接近光速。

3. 随着黑洞自转，它拖拽其周围的宇宙（时空）组织。在黑洞周围的空间缠绕得越来越紧，这就像一条布带被旋转着的钻头卷上，这个过程称为框架拖拽效应。

4. 随着时空被向内拖拉，盘中的物质被拖拽得越来越近。当物质到达视界时，一切都毫无悬念地消失得无影无踪。这就是黑洞引力成为极端巨大的那一点，这里甚至连光也不能逃逸。

经过视界之后，时空以快于光速的速度向黑洞掉落，所以在空间的这一部分，任何事物都无一例外地加速到比光线还快（这就是为什么光不能逃逸，空间向内流动比光向外运动还快）。

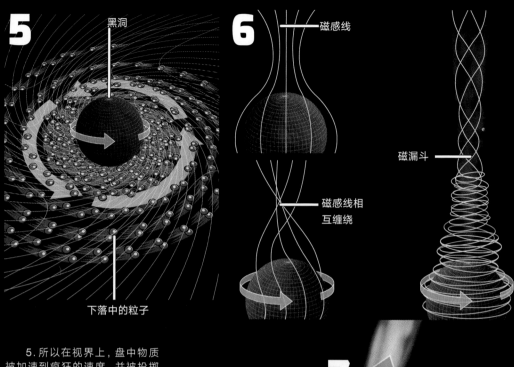

5 黑洞

下落中的粒子

6 磁感线

磁感线相
互缠绕

磁漏斗

7 粒子喷流

5. 所以在视界上，盘中物质被加速到疯狂的速度，并被投掷到时空中剧烈搅拌的区域。这就造成了猛烈的摩擦，使得原子极度加热并撕裂开来，就像一台粒子搅拌器，产生荷电的等离体子体。

6. 更糟的是黑洞具有超强的磁场，它也把时空搅拌得像旋转木马。磁场包裹着黑洞周身，并缠绕成漏斗状的管道，从两极伸向远方。

从粒子搅拌器里释放出来的电子被磁场集中起来，形成强大的电流，沿着磁感线冲决而出。

7. 被时空搅拌机从盘中猛烈吹送出来的粒子被漏斗吸入并受电流加速（就像来自地狱的大强子对撞机），然后吹送到太空，形成荷电粒子和辐射的定向射束。

一个黑洞能把落入物质质量的 28% 转化成能量释放，这个过程的效率比核聚变高约 50 倍。

在这过程中黑洞能发射高于 100 万个太阳的能量，但是与它们的超大质量的堂兄相比，它们只是宇宙的小瘪三……

空间弯曲和时间旅行
黑洞怎样能用作时间机器

黑洞对于其周围的时空组织具有强烈的作用——理论上这种效应能被用来到未来去旅行。

时间是相对的

爱因斯坦向我们证明，时间流逝的速率很大程度上依赖于你在哪里和你正在做什么。时间奇怪地具有韧性和弹性。归根结底，它完全是相对的。

"当一名男士与一名美丽的姑娘坐在一起1小时，他会觉得只过了1分钟。但是让他坐在火热的炉旁1分钟，他会觉得长过几小时。这就是相对性。"

阿尔伯特·爱因斯坦

爱因斯坦的意思是时间远非处处相同，实际上与个人密切相关——我们怎样体验时间，取决于谁正在测量它。

他的广义相对论揭示，时间并非以任意的和难以捉摸的方式参与我们的生活，实际上它被编织进空间组织里去了——时间是第四维。

爱因斯坦的发现表明，如果你能操纵时空，你就能操纵时间本身。劣势在于我们不容易去操纵时空。幸而黑洞正是为做这件事而定制的。

利用引力到时间里去旅行

1. 我们已经知道像恒星这样的大质量物体会把它们周围的时空扭曲，产生引力势阱——物体的质量越大，时空就扭曲得越厉害。我们还知道，引力服从平方反比律，你距离物体越近，感受到的引力就越强，这意味着你越接近引力中心，时空就越严重地被拉伸。

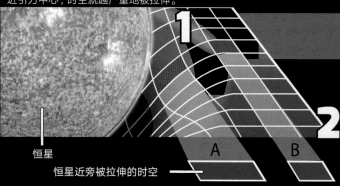

恒星

恒星近旁被拉伸的时空

2. 空间既被拉伸，时间也被拉伸。方框 A 里的某人与方框 B 里的另一人相比，时间进程较慢。

但是为什么空间的拉伸相当于时间变慢？

爱因斯坦方程告诉我们，相对于观测者光速是常数，不论你在哪里，你总是看到光速以每秒 30 万千米的速度传播。

a. 观测者 A 看到光传播的速度一定与观测者 B 看到的相同。但是在方框 A 这个被拉伸的空间里，光线传播得更远。

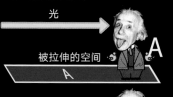

光

被拉伸的空间

b. 既然光不能以快于每秒 30 万千米的速度传播，那么让它有足够的时间去穿越这段距离的唯一方式就是在方框 A 里时间运行更慢。

光

c. 如果观测者 B 去注视方框 A，看上去在方框 A 处时间运行较慢。可是，从每名观测者的角度着眼，他们体验着时间以"正常的速度"流逝。

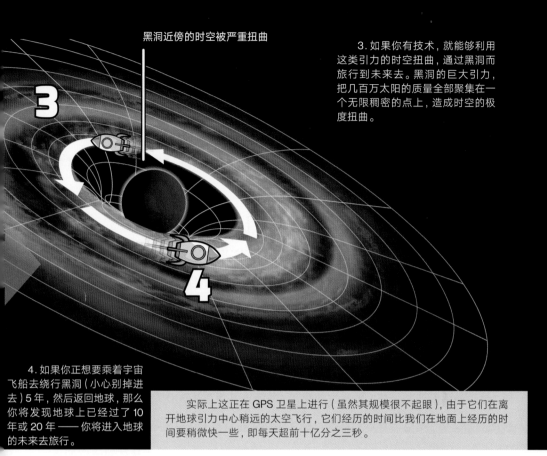

黑洞近傍的时空被严重扭曲

3

4

3. 如果你有技术，就能够利用这类引力的时空扭曲，通过黑洞而旅行到未来去。黑洞的巨大引力，把几百万太阳的质量全部聚集在一个无限稠密的点上，造成时空的极度扭曲。

4. 如果你正想要乘着宇宙飞船去绕行黑洞（小心别掉进去）5 年，然后返回地球，那么你将发现地球上已经过了 10 年或 20 年 —— 你将进入地球的未来去旅行。

实际上这正在 GPS 卫星上进行（虽然其规模很不起眼），由于它们在离开地球引力中心稍远的太空飞行，它们经历的时间比我们在地面上经历的时间要稍微快一些，即每天超前十亿分之三秒。

黑洞在自转中不断受周围时空组织的"阻滞"，而时空则在黑洞周围缠绕起来，就像一根布条缠绕上旋转着的钻头。天文学家把这个过程叫作框架拖拽效应。

在视界上，极端的引力能、摩擦和涡流结合在一起，就像一个粒子搅拌器，把吸积盘里的物质加热到几十万度，把它们的原子撕裂并加速到接近光速。

更糟糕的是，环绕在黑洞周围高速自转的磁场，就像一台巨型电动机，产生强大的电流沿着磁感线流动，它的行为好比来自地狱的大强子对撞机，把粒子加速，成为以近光速飞行的神行太保。

在黑洞的上下方，磁场缠绕成漏斗的管道，从两极向远方伸展。这些粒子还处在视界的"可逃逸"那一侧，获得了极高的能量，它们也因而发射巨大的能量。它们聚集在一起，通过黑洞的强大磁场向外输送，作为喷流射向太空，这股喷流包含极度加速的荷电粒子和强烈辐射，以接近光的速度在太空狂飙疾驰。

这个过程（宇宙中最有效的物质－能量转换器）表明黑洞能够发射比太阳高几百万倍乃至几十亿倍的能量。

类星体

有这样一个活动的超大质量黑洞位于中心的星系叫作类星体。这个名字是类似恒星天体的简缩，因为在它们被首次发现时，看上去有点像恒星。

类星体其实不像恒星，并不总是活动的，它们可能活动，也可能平静，取决于有多少原料可供消耗。即使是最微弱的类星体，每年会耗费相当于 10 个太阳质量的物质，至于最活跃的类星体，更是大肆挥霍，每年消耗超过 1000 太阳质量的物质。以这样的消耗率，类星体耗尽气体而平静下来成为正常星系，只是一个时间问题。

但是，在它们还是活动的时候，受超大质量黑洞提供能量的类星体对于它们所在的宇宙一角能产生惹人注目的影响。巨量能量（相当于 1 万亿亿亿亿瓦）通过它们的喷流喷涌而出，穿越几十万（或几百万）光年，终于猛冲进星际介质之内并扩散开来，（就像一段撞上墙的救火软管反弹），形成 X 射线的羽状物和射电辐射的"哑铃"。

在星系中心附近，所有能量用来加热空间，并阻止了新恒星的形成，但是，更有甚者，喷流把星际气体电离，在星际介质里许多巨型气泡鼓胀起来。这些气泡又产生声波传遍太空（是的，你会说黑洞还会"唱歌"，但是这种声音十分低沉，只不过是一阵阵听不见的闷雷）。与一切声波一样，黑洞的沉闷声音压缩它们传播所到之处的介质的那部分，那里的星际气体受挤压而获得了收缩形成恒星所需的原动力。

所以，在藏有活动黑洞的星系里，在星系中央，你几乎看不到恒星形成，但在四周，大量蓝色大质量恒星形成的条件很理想。正是以这种方式，超大质量黑洞扮演起了宇宙园丁的角色。它们通过放缓恒星形成在某些区域"除草"，通过推动新恒星的生长而在另一些区域施肥。

那么在星系质量与位于其中心的超大质量黑洞之间就有了直接的关系，总是精确地等于1000比1。这样一种十分精确的比例表明星系的发育与它的黑洞紧密相关。这种共生关系也说明了，如果没有超大质量黑洞，今天宇宙里林林总总已经演化了的星系，本来是不可能发育的。

喷发辐射的早期黑洞可能加速了使宇宙的黑暗时期结束的再电离过程，而我们所置身的宇宙原来很大程度上得力于这些被高度妖魔化的吞噬光线的巨兽，这两种想法是相容的。

好园丁

这就把我们引向了蜗居在我们自己星系 —— 银河系里的那个超大质量黑洞（参阅第156—157页）。我们这儿的超大质量黑洞可能距离遥远（约25 000光年），但是它对于导致产生你和我的一系列事件有过深刻的影响。

当你读到这里的时候，我们的这个超大质量黑洞已经休眠，但是在几十亿年以前，它还在过量地吸吮气体、劫掠恒星、把它们嚼得粉碎，然后向太空打着饱嗝咳出辐射。

当我们的宇宙园丁很活跃的时候，它在我们的星系里清理出一小块田地，阻止那种生命短暂、在不绝的爆发中度过的大质量热恒星的成长，同时创造合适的条件，让较小的、不太强烈而长寿命的恒星成长。其中有一颗恒星，受益于这些条件，是一颗毫不起眼的黄色恒星，有朝一日它被叫作太阳。

有不止一种的方式剖析类星体

像哈勃空间望远镜这一类光学望远镜只能揭示有限的一些方面。为了获得全面的图像，天文学家需要把望远镜转换到电磁波谱的其他部分。下面各图充分展示了同一个星系（半人马 A）在不同波段看起来如何不同。

1.可见光（甚大望远镜，欧洲南方天文台）

这个可见光像正是假如你能航行到那里去亲眼所见的半人马 A 的那个样子。你能看到在中心包含几亿颗恒星的明亮星团，但是星系的大多数特征隐匿在尘埃云后面。

2.紫外线（伽莱克斯卫星，美国宇航局）

在紫外波段观察这个星系，与在光学波段类似，不能解决尘埃云的问题，在传播中它面对尘埃云就败下阵来。但是它也确实揭示了一些紫外线的亮斑（左上角蓝色斑点），它们实际上是爆发式形成的新恒星。

3.红外线（斯匹策空间望远镜，美国宇航局）

现在我们转换到红外光（它能穿越尘埃云），那讨厌的尘埃云突然消失了，而星系内部的形态一览无余。

4.X 射线（钱德拉 X 射线天文台，美国宇航局）

现在转到了波谱的 X 射线部分，星系看起来确实不同了。X 射线所揭示的看上去是一个 X 射线喷流，它从星系的中心飞出。X 射线是由能量极高，即极度炽热的天体发射出来的，所以那里一定有很令人瞩目的某种东西在活动。

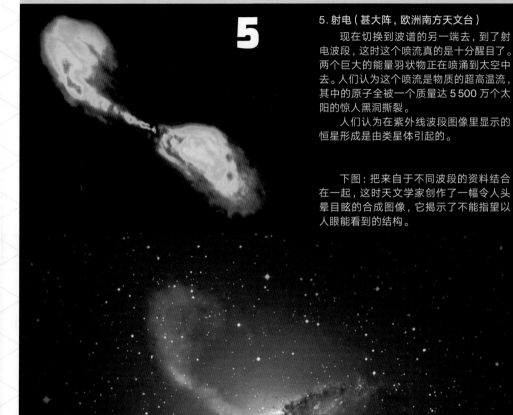

射电波　　　　　　　　微波　　红外线　可见光　　　紫外线　　　X射线　　　γ射线

5. 射电（甚大阵，欧洲南方天文台）

现在切换到波谱的另一端去，到了射电波段，这时这个喷流真是十分醒目了。两个巨大的能量羽状物正在喷涌到太空中去。人们认为这个喷流是物质的超高温流，其中的原子全被一个质量达5 500万个太阳的惊人黑洞撕裂。

人们认为在紫外线波段图像里显示的恒星形成是由类星体引起的。

下图：把来自于不同波段的资料结合在一起，这时天文学家创作了一幅令人头晕目眩的合成图像，它揭示了不能指望以人眼能看到的结构。

银河系：我们称之为家园的星系

银河系是一个棒旋星系，直径约 10 万光年，它包含 1 亿至 4 亿颗恒星（几乎可以肯定还有无数多颗行星）。

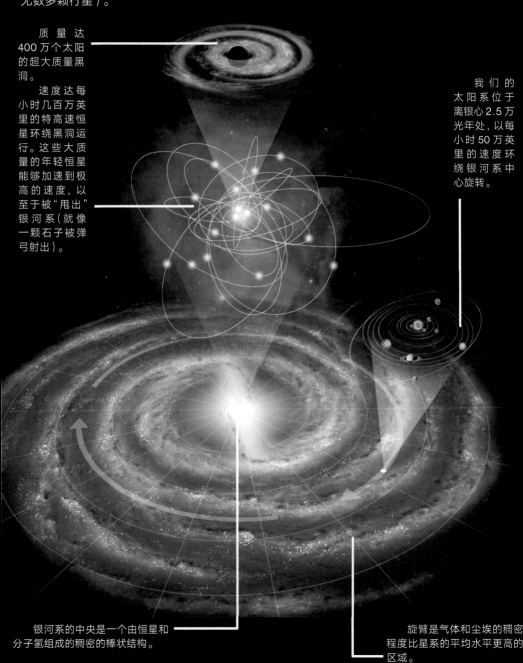

质量达 400 万个太阳的超大质量黑洞。

速度达每小时几百万英里的特高速恒星环绕黑洞运行。这些大质量的年轻恒星能够加速到极高的速度，以至于被"甩出"银河系（就像一颗石子被弹弓射出）。

我们的太阳系位于离银心 2.5 万光年处，以每小时 50 万英里的速度环绕银河系中心旋转。

银河系的中央是一个由恒星和分子氢组成的稠密的棒状结构。

旋臂是气体和尘埃的稠密程度比星系的平均水平更高的区域。

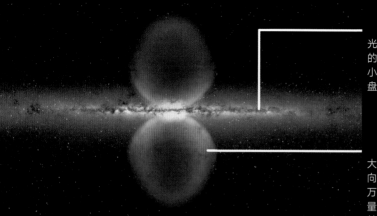

银盘的平均厚度约 1000 光年。如果你想用一张光盘的大小去比拟银河系的大小，那么它的厚度约 3 张光盘的厚度。

艺术家想象中的两个巨大的 γ 射线辐射 "气泡"，它向银河的上下方向延伸约 2.5 万光年。这被认为是超大质量黑洞曾经在约 1000 万年前的一次 "快餐" 的结果。

银河系的邻里关系

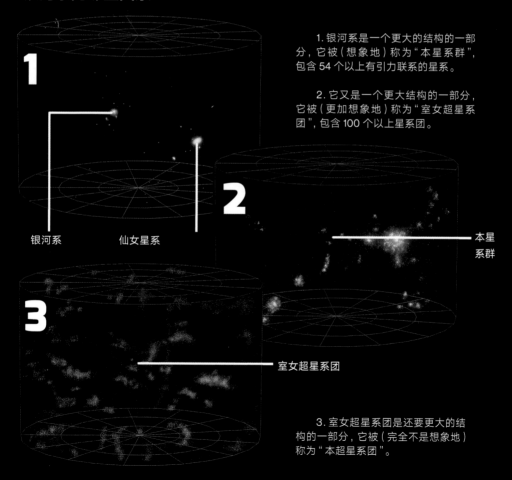

1

2

3

银河系   仙女星系

本星系群

室女超星系团

1. 银河系是一个更大的结构的一部分，它被（想象地）称为 "本星系群"，包含 54 个以上有引力联系的星系。

2. 它又是一个更大结构的一部分，它被（更加想象地）称为 "室女超星系团"，包含 100 个以上星系团。

3. 室女超星系团是还要更大的结构的一部分，它被（完全不是想象地）称为 "本超星系团"。

大爆炸在大范围里留下的指纹

如果我们把目光聚集到更远，去通览银河系以外众多星系的整体结构，我们会看到某种出奇的熟悉的景象……

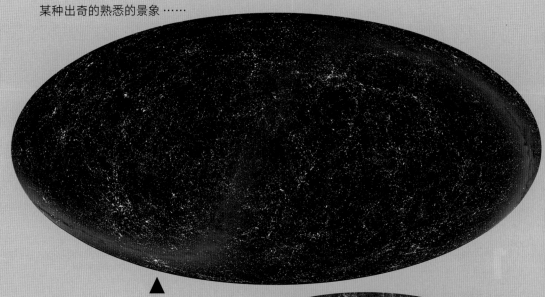

▲ 今天的星系分布

上图是由 2 微米全天巡天（简记为 2MASS）拍摄的。它展示超过 160 万个星系在红外波段的分布。星系明显地集中在星系团里，也有星系较少的空隙和长长的纤维状缎带结构，把一切联结在一起。

也许你还记得第一批恒星和星系是在暗物质的基础上形成的，而它又形成于大爆炸播撒的能量起伏。你能看到这些微小的量子起伏怎样在那最初的刹那间为今天的宇宙留下了印记。

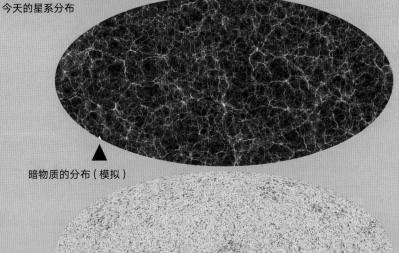

▲ 暗物质的分布（模拟）

▲ 宇宙微波背景上的起伏

现在，一名好园丁知道什么时候该歇手，回去坐着让大自然自行其是。我们很幸运，我们的黑洞园艺家是这样一名好园丁，一旦它为太阳形成打好了基础，便停熄了熊熊烈焰而平静下来，作长时期的休眠。

这个休眠正好在约 40 亿年前开始，这正是生命开始在地球上的海洋中出现的时候。当它偃旗息鼓的时候，它的辐射喷流也随之消声匿迹。要是黑洞没有选择这个时候去冬眠，那么地球将遭受宇宙高能辐射的狂轰滥炸。这样，最好的情况是高能辐射能够影响大气的化学结构，足以改变或防护生命的演化；或者最坏的情况是毁灭新出现的生命的细胞，在地球上的每处结束生命。

所以，如果银河系的超大质量黑洞没有在合适的时候活跃过，那么太阳就可能永远不会形成，而如果它没有在同样幸运的时候进入休眠期，那么地球上的生命也就永远不可能进化，从而你和我将（又一次）不会存在。

但是，你可别过早向我们银河系的好心黑洞投去情意绵绵的眼光，更值得记住的是这些银河怪兽并不总处在固定状态。有时它们过度暴食，并向宇宙猛喷能量；有时它们细嚼慢咽，慢慢积聚质量；而另些时候，它们将进入冬眠 —— 安静地睡觉，几千年里颗粒不进。

我们的黑洞现在应在打瞌睡，但是 50 亿年以后，仙女星系将与银河系相撞，只要物质重新注入，就将把巨兽从睡梦中唤醒，当这一切发生时，你就该找个藏身之处了。

尽管我们一直在关注太阳这个主题，不过看来应是时候把我们的注意力转向构建我们称之为家园的这个空间区域，让我们来构建太阳系。

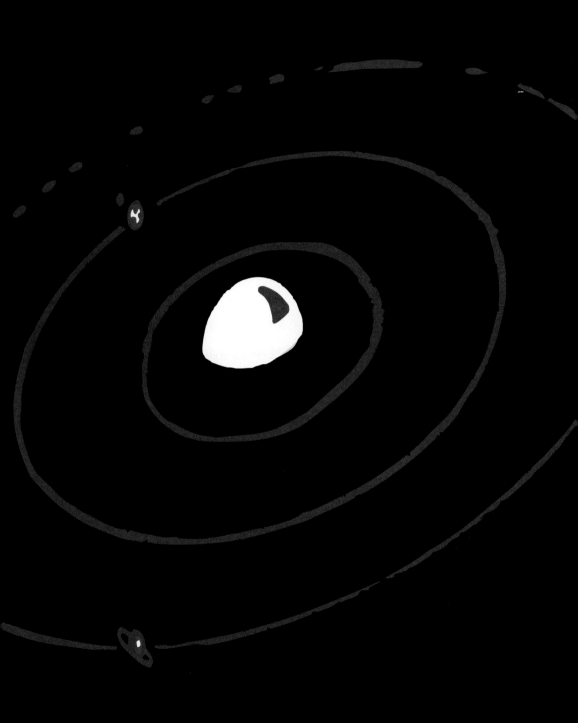

第 8 章　烹煮太阳系

　　在本章里我们要围上厨师的白围单，打开宇宙的烹饪宝鉴并准备"太阳系煮银河系"这道大餐：以加上精确称量的岩态行星和气态巨行星这味调料的黄色太阳作为热菜，周边配以小行星色拉和美味的原始冰的遗迹形成的光环。我们还将献上我们的招牌菜——地球，并准备生命的配方。

随着构建宇宙比喻的进行，宇宙构建的场所和份额都已各就各位，现在已是时候去更密切地关注我们的配料并把我们的活动移入宇宙厨房。

从太阳系出发

烹饪大师的秘诀是：准备充分，配制得当。如果你在土豆煮熟之前就去烤鱼，结果是鱼烤焦而土豆硌牙。若要配制太阳系，真的也会出现相同的情况，幸好我们已经做好了一切必需的准备。

配料

在这张配方里你将需要一个已经富含重元素的星际气体云。如果你只有一个氢和氦的星云，你还需要等待几十亿年，只有在它包含了痕量的碳、氧、硅、铁等元素后，你才能构建行星。

这个星云也要十分巨大，因为即使一个能形成恒星的完美星云，也是难以置信地稀薄，每立方厘米只包含几个原子，所以你需要一个直径达几千亿千米体量的星云。

揉面和发面

现在我们必须鼓励星云收缩。我们只能耐心等待，希望它在自身引力作用下这么做，但是这会（毫不夸张地）无限期等下去。你只要静心想一想，甚至在 138 亿年

大爆炸　粒子形成　宇宙微波背景（CMB）　黑暗时期（第一批暗物质结构）第一批恒星和活动星系

138.2 亿年之前　　　大爆炸之后 377 000 年　　　　　　　2 亿年

看哪，恒星的厨房

下图：这是船底座星云，一个巨大的星际云，包含尘埃、氢、氦气体和其他重元素，还有恒星在其中形成。这个星云是一个宇宙厨房，在那里气体收缩而烹煮出恒星和行星。

这个星云的大小约 150 光年，包含的质量（没有计及已经形成的恒星）约 14 万个太阳。

星系演化（星系团和超星系团形成）   太阳系形成   太阳死亡   宇宙的命运

10 亿年   90 亿年   187 亿年

这个恒星形成区叫作锥状星云。这只是一个更大得多的星云的一小部分（这里所见约 7 光年）。暗黑的区域深藏在星云的黑暗里，那里有几十颗恒星正在形成。上方的恒星刚刚（相对来说）从星云里脱颖而出。

的宇宙演化以后，银河系里许多物质还是游离在弥漫星云里，这就非常清楚，在没有一把勺子搅动之前，我们的星云是不会收缩的。

现在我们要给我们的气体在屁股上踢上众所周知的一脚。显然，如果你要迫使体量达几倍于太阳尺度的质量去做一些事情，你需要一只很大的靴子，在我们的场合，就是一颗很大的恒星。正如在第6章所描述的，如果一颗恒星在一个死水一潭般的星云邻近作为超新星爆发，向周围空间迸发的激波足以推动气体云开始结团，并最终收缩形成一颗新恒星。

厨师的告诫：还有一种可能性达到同样的效果，就是以一个超大质量黑洞的高能输出去影响这个星云，但是，千万要慎重，黑洞是强大有力的工具，应该由只有经验丰富的宇宙厨师来驾驭它。

就这样，让我们假定我们已经做到了鼓动我们的星云收缩。你可能想在这时搅动一下这个混合物，且慢，这个星云本来就在慢慢自转，随着它的收缩转速将被放大，而且如果它自转得太快，这个星云将会被自己猛烈的角动量撕得四分五裂。

即使是缓慢自转的星云，也将随着它的收缩而开始自转得越来越快。不过，自转是一件好事情，因为它促进了星云变扁成为一个盘，并在中心形成一颗恒星。

这个过程有点像水煮荷包蛋。如果你只是把一锅水煮沸，然后敲开蛋壳把蛋打入水中，蛋液将在水面上铺散开来（你最终得到一团白色泡沫）；但是只要你搅动这锅水，蛋液将向旋涡中心集中（你将有一道黄白分明美味的水煮荷包蛋）。

这里配料的质量正在起作用。如果你试用的配方里，星云仅仅由氢和氦组成，那么你最终得到的是一颗质量超大、温度极高的恒星，你永远别想指望能构建任何岩质恒星环绕着它，因为远在此之前，它已爆发（这里，没有诸如碳、铁之类的配料，你将毫无作为）。假设你的混合物已富含适当的元素，那么只要花上十万年左右（在你等待的时候，你可以去泡上一杯茶），一颗稳定的恒星就会形成，它既不太大也不太热。

那么为什么富含其他元素的星云会成为较小的恒星呢？恒星形成的关键是星云

收缩，而星云收缩的关键是冷却。你必须先把配料冷却，才能烹饪它们，随着气体云里的原子（相对于周围环境）受热，它们具有了足够的热能去抗拒向内的引力。一个冷（因而运动缓慢）的粒子"感受"到的引力作用比一个热（运动快速）的粒子要强得多。

正如我们已经看到，重元素和分子化合物与简单的原子相比，能更有效地大幅度辐射热量，所以一个星云的重元素含量越大，就有更多的热量被辐射，因而冷却得越快。

在炽热的早期宇宙里，最重的物质是分子氢，恒星只能具有足够大的质量，以其压倒优势的巨大引力才能克服热的阻抗从星云里形成，所以我们会惊奇地看到极端大质量、极端炽热而短寿命的恒星。

在一个富含重元素的宇宙里，你不需要太多的质量去克服热压力，因为一切事物都要冷得多，所以你终于有了较小、较冷和长寿命的恒星。

烘焙和冷却

如果你一切都做得正确，你将有一颗新形成的黄色恒星，我们把它叫作太阳（不过如果你是一位古罗马人，你会叫它 Sol，或者如果你是一位古希腊人，更适当的名称是 Helios）。不管你把这颗恒星叫作什么，它应该有一个扁平的、旋转着的气体盘环绕着，它叫作原行星盘。我们将用这个盘去制作所有岩态行星、热气态巨行星、冰气态巨行星、卫星、小行星和彗星，终于它们将成为我们的成品太阳系的成员。

现在你可能会诧异，在已经成型的地球上你怎么还能指望只是从这么一个气体和分子物质的盘里，对天体去做这样一种别出心裁、五花八门的选择。是的，正如饼干、果酱饼的底子和油炸鱼外面包裹的面糊都是以同一种基本配料做成的，这完全取决于这些配料如何准备，或者更确切地说，它们是在哪里配制的？

更细心的读者已经注意到本书反复提及的话题：小的、简单的材料积累和聚集

从星云到太阳系

　　形成我们太阳系的尘埃和气体云在约 46 亿年前开始收缩。看来只花了 10 万年太阳就已形成，在随后的 1000 万年后像木星这类气态巨行星形成。岩态行星要过了 1 亿年才形成。

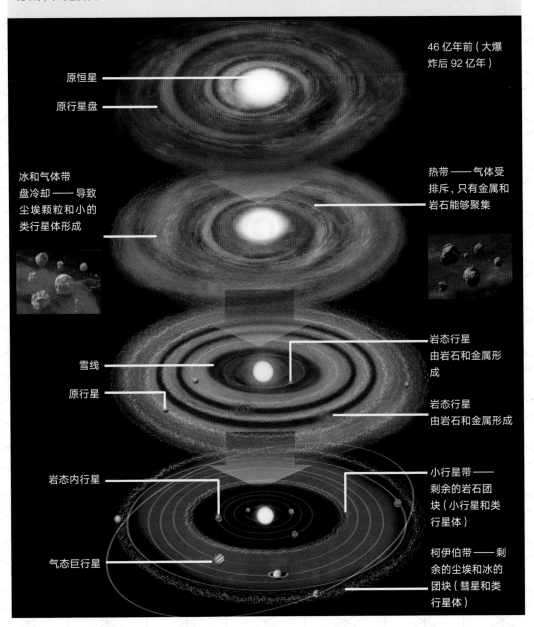

原恒星

原行星盘

46 亿年前（大爆炸后 92 亿年）

冰和气体带盘冷却——导致尘埃颗粒和小的类行星体形成

热带——气体受排斥，只有金属和岩石能够聚集

雪线

岩态行星由岩石和金属形成

原行星

岩态行星由岩石和金属形成

岩态内行星

小行星带——剩余的岩石团块（小行星和类行星体）

气态巨行星

柯伊伯带——剩余的尘埃和冰的团块（彗星和类行星体）

太阳：我们适中的黄色星

我们曾经害怕它，崇拜它，还争论过它是不是环绕地球旋转（顺便说明不是的）。太阳既滋养又威胁地球上的生命，程度几乎相同。我们能存在真要归功于我们这个长寿命又（相对）稳定的太阳。所以，对它做略微深入的了解看来并不多余……

1. 核心

1 500 万摄氏度

核心是太阳的发动机房。核心内极端的高温和压力足以维持核聚变反应（但是你知道这已经在进行了）。

每秒钟太阳把 400 万吨氢转化为能量，而这样已经做了约 50 亿年。它将在今后的约 50 亿年里继续以这样的速率消耗燃料，直到消耗殆尽。

2. 辐射区

200 万~700 万摄氏度

来自核心的能量以电磁辐射形式通过辐射区向外传输。

这个区域的密度极大，以至于能量从核心到离开辐射区平均费时 17 万年，但是它更要费几百万年才能逸出（在大爆炸后超密度、超高温的宇宙里，早期光子确实也遭遇同样的问题）。

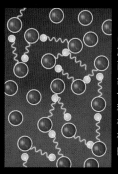

从核心里出来的光子在旅行中必须面对"醉汉的步态"，这是一个长长的过程，先是被氢核吸收，然后被辐射至随机的方向。

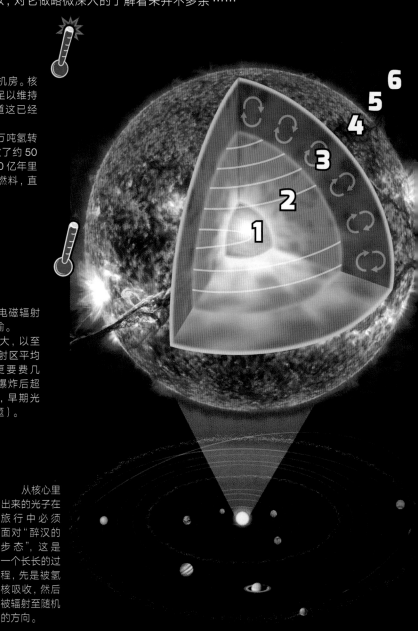

3. 对流区

约 200 万摄氏度

　　这个涡流的区域通过热柱把能量输送到太阳表面。物质在表面冷却，沉落回对流区的底部。它又在辐射区被重新加热，再次向表面流动。

4. 光球

5700 摄氏度

　　这是太阳的可见表面。

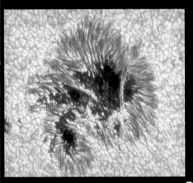

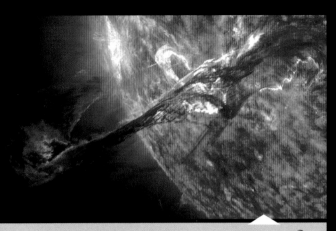

一颗狂暴的恒星

地球的大小 🌐

　　日冕物质抛射（CME）是太阳系里最强烈的事件。单次 CME 事件能抛掷 100 亿吨以上的荷电粒子（大部分是质子和电子）到太空中，覆盖广达 3000 万英里的区域。

　　激波能够把这些粒子加速到接近光速，以这样的速度粒子能在短至 90 分钟之内穿越 1.5 亿英里（原文如此，系千米之误——译注）到达地球。所以，如果谁站在 CME 经过的路径上，就像站在一个巨大的粒子加速器的回路上。

恒星能达到怎样的大小

太阳 139 万千米

小犬座 VY 19.7 亿千米

参宿四（猎户座 α）16.4 亿千米

天狼星（大犬座 α）238 万千米

北河三（双子座 β）1119 万千米

大角（牧夫座 α）3574 万千米

5. 大气

3700~98000 摄氏度

　　光球以上大约 500 千米的底层大气是太阳温度最低的区域。它的上面是色球。太阳大气中的这个区域厚度约 2000 千米，温度随高度而增加，达到约 10 万摄氏度。

6. 日冕

100 万~1000 万摄氏度

　　日冕是太阳大气的延伸部分，体积比整个太阳还大。温度随高度增加，在有些地方达到 1000 万摄氏度

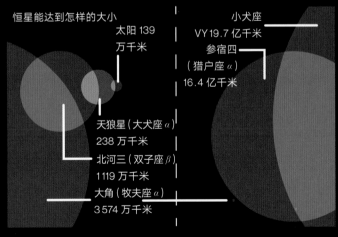

　　太阳大气怎么竟能比太阳表面温度高出这么多，这是科学上最大的奥秘之一。现在认为所谓的阿尔文波可能造成了温度上升，这是一种等离子体中携带能量通过太阳磁场的波。

成为大的、复杂的材料 —— 粒子结合成为原子，原子结合成为更重的原子和分子，等等。构筑行星并不困难：我们从气体粒子（小材料）开始，把许多它们黏合在一起，创造出行星（复杂材料）。

仅仅从一批配料我们就能够烹煮出太阳系的全部佳肴，这张堂皇的菜单正是这些佐料距离其中心的恒星炉灶或近或远的直接结果。

这些最靠近炉灶的气体区域（可以说是在炉旁的铁架上）从太阳接收到最大的辐射，即热量。配料离太阳越远，它所处的条件就越冷，佐料只能在这样的条件下烹煮（或冷冻）。

在炉旁的铁架上

在最靠近太阳的区域，太炽热了，以至于水分子不能（从氧和氢的原子）形成，不过幸好来自太阳的强烈高能粒子流（叫作太阳风）把大部分氢、氦和较轻元素的原子吹到了盘的较远区域。这样就只把较重的元素留在了这里，所以正是在这里我们能烹煮出小的岩态行星，包括地球在内。

在冷藏柜里

在受太阳风吹刮和太阳炙烤的内部区域的外面，有一个叫作雪线的区域。在这里我们发现了所有从内部区域吹送出来的气体和轻元素，当然也有一些较重的元素。这里相当冷，足以使氢和氧的原子结合并凝结而形成水（以冰的形式）。

这里有大量的气体补给可供我们应用，于是就在这里做出了巨行星。

在冷冻室里

我们离开太阳越远，盘就变得越冷。在气态巨行星的外侧，产生了像天王星和海王星这样的冰态巨行星。但是，当我们接近盘的最外边缘时，它变得更加稀薄，所以正是在这里我们发现了较小的冰态天体，诸如彗星和已降了级的前大行星冥王星。

烹煮叫作地球的岩态行星

　　每一位迫不及待的宇宙厨师都想要急忙投身并做出精美的岩态行星。无论如何，我们生活在岩态行星上，而且就我们所知，正是在岩态行星上，生命才有最好的进化机会。幸好，也正是在这里，你的烹饪行星的训练即将开始。

　　那么，你怎样把一个巨大而旋动着的气体和化学元素盘转化为一颗行星呢？

从小的（非常、非常小的）开始

　　如果你想要借来一把巨大的行星粉碎锤（或者老好人达思·瓦德的死星那玩意儿），用它来敲击一个岩态行星，你将身处于一堆大石块之前。如果你把其中一块敲碎，你将得到更小一点的石块，然后还有更小的石块和砾石。拿其中一小块研磨它，最后你将得到一堆尘埃。进一步研磨，你终将得到一小撮化学元素和化合物。继续研磨，你将得到原子，然后亚原子粒子……。不过，你已经走得太远了。

　　如果你把这个过程拍成电影，然后倒过来放映这部电影，你将看到由原子形成尘埃，由尘埃形成岩石，由较小的岩石形成大岩石，最后，从这些较大的岩石中出现了一颗行星：这就是你如何创造了一颗行星。

　　正如引力通过各种各样元素的相互吸引把它们结合在一起，创造了星系和恒星，看来引力又一次作为基本作用力暗中表现，使得行星的构建成为可能。在这过程的大部分时期，的确是这样，但是在行星构建中决定性的尘埃形成阶段，实际上是电磁作用力在起作用（可以这么说）。

　　在构成原行星盘的旋转着的原子聚落里，没有一个单一的原子或分子有足够的引力优势去吸引其他原子。这就像站在街角的一位传教士试图通过低声细语在喧哗的人群中去吸引追随者，那人是怎么也听不到的。但是，如果他一对一地拉住追随者（可能轻拍他的肩膀并在耳边低语），并让他把福音传播给他人，那么他终于能吸引整群人。

气体归气体，尘埃归尘埃

这里展示各种各样的原子集群怎样成为行星。

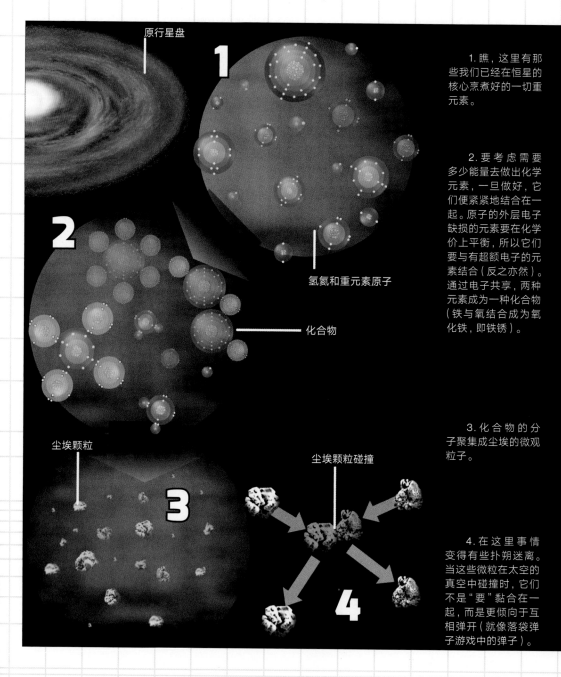

原行星盘

1

氢氦和重元素原子

2

化合物

尘埃颗粒

3

尘埃颗粒碰撞

4

1. 瞧，这里有那些我们已经在恒星的核心烹煮好的一切重元素。

2. 要考虑需要多少能量去做出化学元素，一旦做好，它们便紧紧地结合在一起。原子的外层电子缺损的元素要在化学价上平衡，所以它们要与有超额电子的元素结合（反之亦然）。通过电子共享，两种元素成为一种化合物（铁与氧结合成为氧化铁，即铁锈）。

3. 化合物的分子聚集成尘埃的微观粒子。

4. 在这里事情变得有些扑朔迷离。当这些微粒在太空的真空中碰撞时，它们不是"要"黏合在一起，而是更倾向于互相弹开（就像落袋弹子游戏中的弹子）。

氢原子

5. 盘里最普遍的重元素是氧，它是高度活泼的元素（它很容易与其他元素结合）。

所以氧与最普遍的元素氢结合产生水分子（两个氢原子和一个氧原子）。

氧原子

水分子

结合在一起的水分子形成六边形结构

负极被正极吸引

6. 由氢原子提供的质子具有超额的正电荷，形成水分子稍带正电荷的一端（另一端稍带负电荷）。

水分子在尘埃颗粒周围凝结成冰

尘埃颗粒聚集并长大

7. 这些极化的水分子互相吸引作为冰而凝结成绒毛状的六边形结构，我们称之为"雪"。

8. 我们的尘埃颗粒正好提供了水分子所需要的凝结触发剂，所以每个颗粒都罩上了一层外套。

9. 雪花起着冲击波吸收剂的作用，阻断了相撞尘埃颗粒的弹跳。这与冰本身的电磁吸引相结合，促进了颗粒聚集成越来越大的结构。

10. 在大约1万年之后，颗粒长大成糖缸大小的岩石和冰的团块。

这就是电磁作用力怎样在原行星盘里把足够多的原子拉在一起，从事尘埃颗粒的制造。在适当的条件下，原子和分子会很快黏合在一起。有些可能在外壳里有太多的电子，而另一些则太少。由于原子需要平衡和稳定，那些有电子缺损或超额的原子将要通过相互结合并共享外层电子而达到平衡。氢原子与氧原子结合得如此紧密（形成水分子），因为氧原子在它的最外壳层里有两个电子对和两个单独电子；实际上它要有四个电子对，所以缺损的电子对就会钩住氢原子去共享它们的单个电子。也就是说，以另一种方式构成电子对：电磁作用力以稍带负电荷（譬如氧）的原

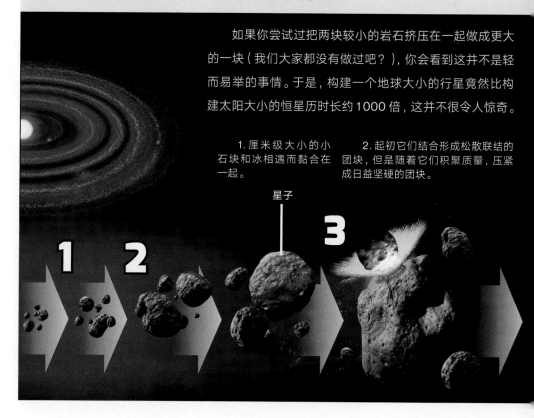

岩石和它的滚雪球：构建岩态行星

如果你尝试过把两块较小的岩石挤压在一起做成更大的一块（我们大家都没有做过吧？），你会看到这并不是轻而易举的事情。于是，构建一个地球大小的行星竟然比构建太阳大小的恒星历时长约1000倍，这并不很令人惊奇。

1. 厘米级大小的小石块和冰相遇而黏合在一起。

2. 起初它们结合形成松散联结的团块，但是随着它们积聚质量，压紧成日益坚硬的团块。

星子

1

2

3

子去"黏住"稍带正电荷（譬如氢）的原子。

就这样，在掺和了少许电磁束缚以后，当你考虑到我们刚刚完成了烹煮星系，却面对某个令人印象深刻的缺乏尘埃的难题，不过无论如何，要紧的第一步是去制作行星。当你考虑这么一粒粒尘埃不比你在抽烟时看到的细微的烟灰颗粒更大，这甚至更令人无动于衷。但是，真正令人印象深刻的是：当你把足够多的尘埃加在一起的时候，你就得到了一颗行星 …… 这是来自尘埃颗粒的整个世界！

3. 在它们的直径达到约1千米时，它们具有了足够大的质量，开始相间只通过引力而吸引。这时，我们叫它们为星子。

4. 随着它们引力作用的增大，它们所吸引的物体的大小也增大，它们相互碰撞的能量也增大。有时这种碰撞过分强烈，以至于星子碎裂成更小的团块，但是最后除了最猛烈的撞冲以外，它们将变得很大，足以吸收一切。

5. 所有的碰撞能量产生大量摩擦，因而伴随着大量热量。它的重量随着日渐增长的体积而增大，紧紧挤压着它的质量，其中的引力能也产生热量添加在一起。在团块长大到原行星规模时，它的内部将开始熔融。于是在它达到完全成型的行星的大小时，我们的行星娃娃将有一个熔融而活动的内部。

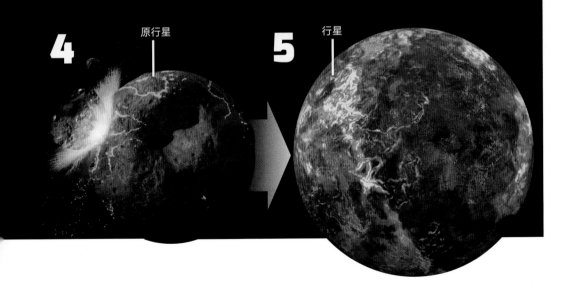

4　原行星

5　行星

磁吸引

当然，下一步工作是要把当前所有的这些微细的粉末小块黏合在一起，而这并不像你所想的那么容易。首先，它们还是太小，没有任何显著的引力影响周围环境，这就是说它们不能从盘里吸引物质增添它们的体量。相反，它们只能依靠随机碰撞，就像它们环绕新生恒星飞行时那样，而这产生了第二个问题。

当微小的尘埃颗粒在太空的真空里碰撞时，它们更容易弹开并飞散，而不是黏合在一起。正是电磁作用力 * 又一次来挽回局面。[* 用专业术语说，我们这里谈的是静电力，即由不同（或相同）电荷的物体所感受的吸引（或排斥）。]

原行星盘最丰富且多得多的元素是氢，而最普遍的金属（天文学家称比氦更重的任何元素为"金属"）是氧。由于它们有化合在一起的趋向，这就意味着在尘埃颗粒四周看起来有大量的水在飘荡，不是液态水，而是水分子，即水蒸汽。

当这些自由飘荡的水分子与那些细微的尘埃颗粒接触时，它们就在它的表面凝结，在近于真空的太空里，它们凝结成冰。而且由于水分子的一端是正电荷，而另一端是负电荷，它们连接在一起形成了错综的六边形结构，换句话说，它们凝结成雪花。

尘埃颗粒带着所有这些串接在一起的荷电水分子，成为电性极化的了，其行为就像一根微型磁棒。所以当它与另一个极化颗粒接触时，它们相应的负极与正极就连接起来，这两个颗粒黏合在一起。雪花还有另一个有用的特性，它们是蓬蓬松松的。这就意味着尘埃颗粒覆盖着蓬松的外层时，外层的作用就像冲击波吸收剂，所以当颗粒相撞时，雪花缓冲了撞击，并制止颗粒相互"弹跳"开来。

就沿着这样的途径，在大约 1 万年的过程中，细微的尘埃颗粒不断聚集形成糖缸大小的岩态团块，或者正如我所叫的，它们是行星的种子。

在这个方式中有一个明显的问题，它只能在盘的雪线以外起作用，在这里氢和氧要化合成水才能存在和凝结。那么，对于岩态行星来说，我们要在盘的"热区"去蒸煮它们，这又怎么说呢？

对于这个难题有三个可能的解答。第一个答案是行星种子在雪线外形成，然后随着它们积累质量，向内移动。第二个是上述过程在热区内进行，但是由硅酸盐颗粒（硅和氧的化合物，像地球这种岩态行星的基本成分）完成吸收撞击的作用。第三种根本不同的答案认为行星是与太阳一起在局部的气体收缩区域内同时形成的。在这种场景里，岩态行星早在太阳有机会加热原行星盘并限制它们的生长之前，就在原地形成。只在它们已几乎成为我们今天所见的那样时，标志着恒星已经点火的辐射风暴都会把未曾吸积的气体吹刮到盘的外部区域。

无论哪种途径，一旦它们获得足够的大的质量，行星种子就能通过引力相互吸引，最终构建成为巨大的行星胚。

但是，这不是在一夜之间发生的。若要聚集足够多的物质以形成有引力作用的千米大小的岩石，将花费约 10 万年，而要有一颗像模像样的岩态行星，你将等待1000 万年至 1 亿年。这看起来是一段很长的时间，不过你要想到，我们是把各种各样微小的尘埃粒子收集拢来做成了地球大小的行星，每颗粒子的重量才几分之一克，而地球却重约 6 亿亿亿千克，显而易见，这个过程进行得还是很快的（甚至可以这样，在你等待的时候，可以去买一本很不错的书）。

装饰你的行星

现在我们基本上有了一颗岩态行星，你将可能要用优良的大气和几个海洋去装饰它。但是在你动手之前，你必须考虑下面几点：

如果行星离太阳太近，强烈的、辐射性的太阳风会把行星表面的大气刮跑，就像喷沙器除掉油漆一样。一个离太阳火炉太近的行星，白天它的表面会被烘烤到几千度，而在夜晚的那半边，由于没有隔绝热传导的大气，热量会向太空散逸，表面温度会下降到冰点以下。

如果行星太小，它将没有足够强的引力保持住大气，即使它不能被喷沙器除掉，也会向太空里的真空挥发。

在行星盘的这个区域，气体和水分已经排除殆尽，一颗行星在这里形成，你又怎样在它上面得到大气和水的海洋呢？好吧，正如这颗岩态行星从这颗微小的种子生长，这颗种子也能从盘的较冷区域获取海量的其他材料。正在你的行星准备得到大气的时候，有一团团混杂着尘埃的冰块（彗星）和冰壳包裹的岩石（小行星）正向这里飞来，它们还从来不曾参与行星的构建。

有些由于在碰撞中失去能量，可能掉落下来，另一些则由于较大天体的引力而从空中摔下，这是又一种途径，在太阳系诞生后的最初几亿年里，有大量冰态物质冲击我们的婴幼期行星。

携带着水冰和冻结气块的冰态物质将在行星表面积聚，成为液态水的海洋，而原始大气将含有更丰富的氧。

怎样保证内核熔融

人人都喜欢行星有一个高温而黏稠的核心：具有一个熔融的动力学核心的行星上能产生磁场，从而防止太阳辐射和带电粒子轰击的伤害，又能推动地质上诸如板块构造等的动力学过程。

让我们把时钟倒拨几千万年，回顾构成我们行星的岩态团块。现在正当我们着手把团块紧压在一起，增加我们的行星种子的大小时，你将会看到撞击产生巨大热量。这是因为，当岩块在太空四处飞行的时候，它们具有巨大的动能。当它们碰撞的时候，动能转化成热量，而且物体越大，加上碰撞越猛烈，就释放更大的热量。

大小起作用

有证据表明火星曾经有过一个熔融的核心，但是由于它的大小只有地球的一半，在核心周围没有足够的"绝缘性能"，不能防止其把大部分热量辐射到太空中去。

地球怎样得到它的核心

地球的金属核心是一个热量发生器和磁性电动机,它为我们这颗行星提供能量并防护我们的家园。那么,地球在起初只是一团炽热的岩块,又怎么能得到它动力学的金属核心呢?我们再一次借助引力,在这里……

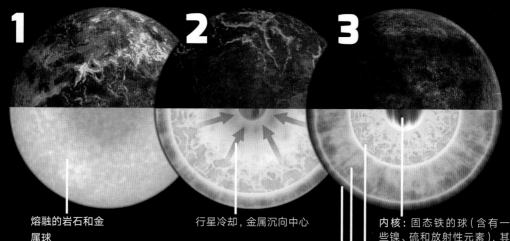

1 熔融的岩石和金属球

2

3 内核:固态铁的球(含有一些镍、硫和放射性元素),其直径约 2 400 千米(大致相当于月球的大小)。

外核:液态铁、镍和硫的球,其直径约 6 800 千米(大致相当于火星的大小)。

地幔:固态、半熔融和熔融岩石的混合体,其厚度约 2 900 千米。

地壳:地球的岩态表面,其厚度只有 8 千米~40 千米,质量只有整个行星的1%。

行星冷却,金属沉向中心

1. 无数岩块和星体来到一起,互相剧烈摩擦产生了巨大热量,所以原始地球压根儿是一个熔融岩石的大球。在它已经呈现出当前大小的时候,它的高温足以把岩石里的全部金属都熔化掉。

2. 熔融的金属(特别是铁)的密度比其周围熔融岩石的高,所以它就向行星的重心下沉。沉落到行星正中心的金属遭受到巨大的压力,虽然温度也很高,但是它们还是受压而结晶,产生了固态铁核,外面包围着一个旋动的熔融金属外核。

3. 在致密的金属核心上方,浮荡着密度较低的熔融岩石,在随后的几亿年里,当行星慢慢冷却时,它们成为一层固态的薄壳。

我们怎么知道核心的构成?

地震可能是破坏性的,但是它为我们提供了一个瞭望地球内部的窗口,除此以外我们不能有所指望。当地震波从一次地震中向外扩散并穿越行星时,科学家们能够测量它们。

把破坏建筑物的表面波搁置一边,其中 P 波传播很快,能通过液态和固态层,而 S 波只能通过固态层.

通过观测什么波在何处何时到达,科学家们能够设想它们通过了什么种类的物质。

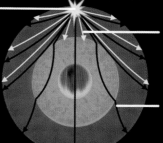

地震的震中

S 波(黄色箭头)在液态外核中受阻。

P 波(黑色箭头)通过液态核,但是改变速率并被衍射。

当一颗行星成为地球大小的时候，它已积聚了许多能量，实际上它已成为一个巨大的熔融岩浆球。在这个岩浆球里，温度高到足以熔化金属，包括蕴含在岩石里的铁。由于金属原子比包含它们的岩石要重，金属便向行星的重心沉落，这也正是行星的中心，这个过程经历了几百万年，终于形成了一个熔融的铁核（混合着少量镍和硫）。在行星的正中心，有那么多的物质集中在一起，产生了极端的压力，迫使铁返回到固态，这就形成了一个铁的固态内核。

怎样保持核心的完整和炽热

要保持一颗行星滚热的高温，永远是一个问题。说到底，行星四周是寒冷空旷的太空，它会很快冷却并成为一个寒冷、死寂的固态岩石和金属团块。那么，你怎样使地球这样的行星避免"冷却下来"呢？

你还记得那些相当重的放射性元素吗？它们在大质量恒星爆发时的垂死挣扎中生成。现在正是时候，把它们派上用场。

当像铀这样的放射性元素衰变时（通过放射 α 粒子成为更轻的元素），它们释放能量，而且即使在宇宙元素的总量中，占据极小的份额，成长中的地球也能获取足够多的放射性材料，为自己提供长时期的能源。这正是一座使核心保持完整和炽热的核电站。

熔融铁的外核围绕着固态内核旋转，其作用就像一台巨型发电机，产生电流。当电流环绕核心流动时，形成强大的磁场，从行星的两极透出。

最后，包围地核的熔融的岩石，开始在其四周的外边缘冷却下来，形成一层薄薄的固态岩石的地壳（有点像一碗大米粥冷下来时在上面形成一层粥皮）。正是在这一层薄薄的固化了岩石上，海水积聚，而且有朝一日生命进化。由地球的熔融态的发电机产生的磁场保护行星避免太阳辐射摧毁生命，并保持大气不至于流失到太空中去。

所有这些地质活动中有一个有害的边际效应，这就是我们年轻的地球遍布丑陋的火山（酷似一张布满粉刺的少年的脸），但是不要害怕，在几亿年之后它们会平静下来（虽然它们没有被完全清除）。

发电机效应

如果没有磁场的防护，地球将像荒芜的火星一样，遍地沙漠。幸好，熔融的核心构成了一个完美的磁场发生器。

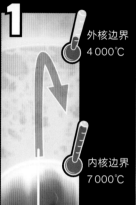

外核边界
4 000℃

内核边界
7 000℃

外核里
的对流

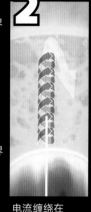

电流缠绕在
"滚筒"上

地球自转

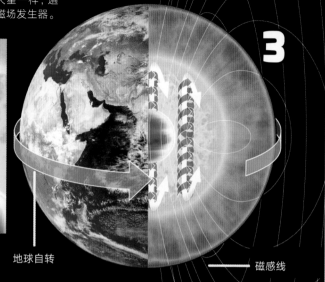

磁感线

1. 外核可能像一口熔融金属在其中翻腾不已的大锅，但是与内核相比，它是比较冷的。这就导致靠近内核的物质比接近地幔的物质要热些。这样对流就产生了，热的物质从内核深处上升，冷却后向下沉落。

2. 由于地球在自转，由此可知地球内部的流体也随着转动。转动的力（称为科里奥利力）使电流缠绕在流体的"滚筒"上，它们与地球自转轴排列成行。

3. 电流流过圆柱形的梁柱，其作用就像电动机里的线圈，产生偶极磁场（好像一系列拉伸得很长的磁棒）。

太阳风

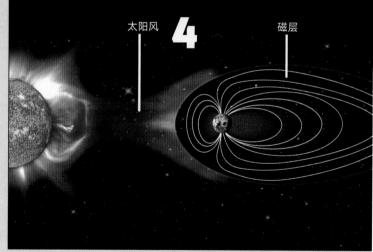

磁层

4. 磁场扩展到太空，形成叫作磁层的磁泡，它把太阳风带来的太阳高能辐射流转向并移位，从而阻挡它的伤害。

人们认为在火星的早期历史中，曾经有过与地球类似的大气，但是由于它太小，不能保持其磁场，于是在太阳风造成的喷沙效应中失去了大气。

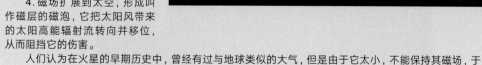

行星中的掉队者

　　并非所有星子都发展到原行星的状态，有些恰恰进不了物质积累的行列。其中有些"准行星"受吸引，进入环绕其更高级的堂兄的轨道，它们在那里成为卫星。其他一些则注定在太空游荡，成为小行星（例如小行星带里的灶神星）或矮行星（例如谷神星，它也在火星与木星之间的小行星带里）。

　　这颗"小行星"有一条5千米深的槽形成的带状疤痕，盘绕在它的表面。这类疤痕是称为地堑的一种地貌，在两条表面断层分离时形成。

　　当一个天体有一层层熔融的内部时，地堑才能形成，这就说明灶神星本来有机会可以成为像火星甚至地球这样的岩态大行星。

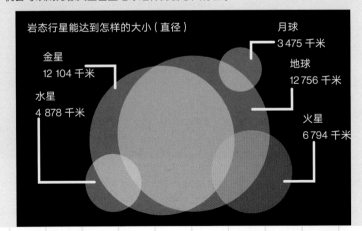

岩态行星能达到怎样的大小（直径）

月球
3 475 千米

金星
12 104 千米

地球
12 756 千米

水星
4 878 千米

火星
6 794 千米

怎样形成一颗卫星

虽然许多行星获得它们的卫星是通过俘获小行星和类行星天体，或者通过轨道碎块的吸积，可是地球得到月球却经历了相当创伤性的过程。

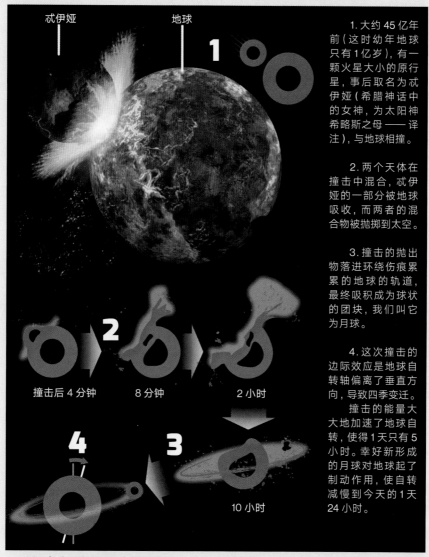

忒伊娅　　　　地球

撞击后 4 分钟　　8 分钟　　　2 小时

10 小时

1. 大约 45 亿年前（这时幼年地球只有 1 亿岁），有一颗火星大小的原行星，事后取名为忒伊娅（希腊神话中的女神，为太阳神希略斯之母 —— 译注），与地球相撞。

2. 两个天体在撞击中混合，忒伊娅的一部分被地球吸收，而两者的混合物被抛掷到太空。

3. 撞击的抛出物落进环绕伤痕累累的地球的轨道，最终吸积成为球状的团块，我们叫它为月球。

4. 这次撞击的边际效应是地球自转轴偏离了垂直方向，导致四季变迁。
撞击的能量大大地加速了地球自转，使得 1 天只有 5 小时。幸好新形成的月球对地球起了制动作用，使自转减慢到今天的 1 天 24 小时。

近几年来，这个理论有了新的说法，认为月球是两个大小十分接近的行星状天体相撞的结果，每一个的大小都是火星的 5 倍。

不论你更愿意相信哪一种说法，无可怀疑的事实是，月球的诞生是一次非常猛烈的事件。

火山喷发巨量的有害气体（并从岩石中释放出一些水蒸气），它们将产生富含二氧化碳的大气。如果你希望在大气里有许多氧气，那么你需要在海洋里布撒能起光合作用的菌类植物，它们能从大气中吸收二氧化碳，并斩断水分子的氢链，释放氧气，但是只有你拥有几个海洋之后，你才能做这件事。这将在约 2 亿年之后，这颗行星冷却下来，才有可能。我们将再返回到地球，那时它已冷却下来，并开始播种生命，而这终于有朝一日导致你的出生。

烹煮木星

制造一颗气态巨行星可能是令人望而却步的营生。无论如何，一颗木星大小的行星的体积约达地球的 1 300 倍。但是，实际上这与制造一颗岩态行星并非那么不同，只在于你在哪里做准备。

准备的第一阶段与我们可能用来制造地球的那些情况并无不同，那里行星的种子在雪线之外形成。但是，这次不让原行星飘移到温暖的、生成岩态行星的区域内，我们只是让它继续在雪线之外绕行，那里诸如氢和氦这类气体十分丰富。

当原行星在它的轨道上绕行的时候，它的引力吸引气体附着于它，而且它还在绕轴自转，它就把气体包裹在自己周围，正像拿一根筷子在棉花糖的盆里捻弄。终于，这颗行星清扫了它所到之处的所有气体，在行星形成的盘里清理出一条航道，但是，这时它的岩态胚芽已埋藏在 7 万千米深的气体之下。

在那么多的气体（约 90% 的氢和 10% 的氦）堆积在核心周围，以至于它的大部分遭受到惊人的压力，这导致它具有很不同于气体的性质。在核心周围，氢气体被压缩，浓缩成金属态的液体，这是一个旋转的荷电海洋，深度超过 4 万千米，它与行星的高速自转相耦合，产生了一个强度几乎达地球 2 万倍的强磁场。

气态巨行星的组成

当谈到气态巨行星的形成时，实际上这是一桩先到先得的买卖。木星是第一个形成的，第一位尽情享用了氢、氦气体，而其余部分则被土星、天王星和海王星扫除干净，它们较晚形成，只能捡拾残羹剩饭……

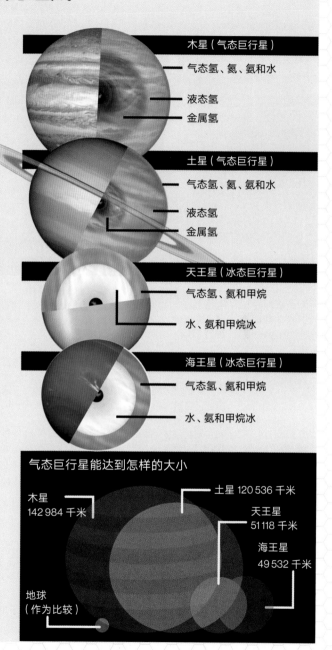

木星（气态巨行星）

气态氢、氦、氨和水

液态氢

金属氢

土星（气态巨行星）

气态氢、氦、氨和水

液态氢

金属氢

天王星（冰态巨行星）

气态氢、氦和甲烷

水、氨和甲烷冰

海王星（冰态巨行星）

气态氢、氦和甲烷

水、氨和甲烷冰

气态巨行星能达到怎样的大小

木星
142 984 千米

土星 120 536 千米

天王星
51 118 千米

海王星
49 532 千米

地球
（作为比较）

构建气态巨行星

气态巨行星可能阻碍了岩态行星的发育，只是它们的行动比它们的类地表兄弟快得多。你所需要的一切就是一个大小适当的岩态类行星体；许多（再许多）氢气和氦气，以及约 1000 万年……

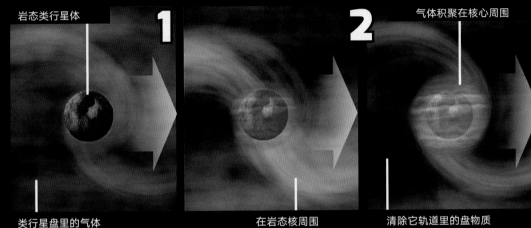

岩态类行星体

1

气体积聚在核心周围

2

类行星盘里的气体
（大部分是氢和氦）

在岩态核周围
吸积的气体

清除它轨道里的盘物质

1 当一块太空里的岩石积累了足够多的质量而被叫作类行星体的时候，它对其周围有很大的引力影响，特别是当它的周围充满气体的时候。

2. 当类行星体在轨道上运行时，它吸引着周围的气体，给自己包裹上一个氢茧。

3. 当它拥有的气体比岩石多的时候，类行星体已降级为"核心"的角色（说到底贪心是致命的第三宗罪）。

4. 婴幼期的气态巨行星积聚的质量越多，它吸取的气体和尘埃也越多，就在仅仅几百万年里，它就停止了吸积物质并停止生长。

5. 气体原来不可能很重，但是行星已经积聚了那么多气体，导致质量很大。木星的质量太大了，以至于只有最外层的氢才能保持气态。

6. 在气态层下面，不断增大的压力把氢原子挤压在一起，把气体压缩成为液态。

7. 在 3 万千米的金属氢下面，压力极其巨大，以至于原子里的空间也被压缩，所以电子轨道被压到几乎贴近质子核。它们被压得那么紧密，以至于电子干扰了它们本应环绕着旋转的原子核，而且它们就在原子之间流动，产生了稳定的电子流。也就是形成了电流。由于导电通常是金属的特性，在这种状态下的氢就被称为"金属"氢。

8. 当这种电流随着行星的快速自转而旋转的时候，它们就产生了磁场。

9. 像木星这般大小的气态巨行星产生的磁场，其强度约为地球磁场的 2 万倍，在太空覆盖的范围很远，可达到土星轨道，即 1 亿千米之外。

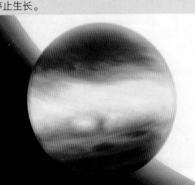

气态巨行星在整个银河系里很普遍。HAT-P-2b 是质量最大的之一，距离约 370 光年，包含 8 个木星的质量（即地球质量的 2500 倍）

3

4

气态巨行星

当轨道被清空时，气态巨行星就停止了生长。

气态氢 **5**

液态氢

6

金属氢 **7** 电子流

8

岩态核心

金属氢

液态氢

气态氢

磁场 **9**

向太阳方向扩展到 700 万千米

向土星方向扩展到 1 亿千米

当压力随着深度增加而增大时，温度也随之上升。在金属氢层的边缘，温度能达到 10 000℃，可是在核心的边界上还要更深，温度可能高达 36 000℃（这大约相当于太阳表面的 7 倍）。

另一种处方

围绕行星形成的话题还有许许多多不解之谜，所以有必要提及另一种关于气态巨行星形成的理论。有一些宇宙厨师（他们更愿意被称为天体物理学家）认为，气态巨行星的形成不是通过从下到上的过程（即从一个小的岩态核心开始吸积气体），而是通过叫作引力不稳定模型的从上到下的过程。

这是因为，计算表明像木星这般大小的气态巨行星从下到上构建完成，要花费太长的时间。他们提出不同看法，认为它们在自身重量的引力作用下收缩，从气体原行星盘里直接形成，这很像恒星形成的小型版。

这个方法的优点是使得像木星这般大小的气态巨行星在不长的时间里就能形成，它大约等于原行星用其他方法做成厘米大小的团块时所花的时间。不足之处是，它看来不符合关于气态巨行星成分的观测结果，更受争议的是，如果一颗像木星这般大小的气态巨行星在原行星盘的历史上过早地形成，那就非常可能盘旋着掉向婴幼期的太阳。

不论你选择哪一种木星形成的方法，有一点是肯定的，即它用掉了盘中那么多的气体储备，只剩下一点去构建其他气态巨行星。紧接着就烹煮土星大小的行星，而你将几乎用完整个补给。

如果你还要做出更多的行星，你只能使用剩下的那些配料：大部分的冰和一点剩余的氢、氦和重元素。用这些"冷藏库里的剩余物质"，你应该可以捏合出几个像海王星和天王星这种冰态巨行星（暗暗发笑）。

剩余物质

即使原行星盘里的大部分物质已经被行星吃掉，在这大餐的末尾还是有充分的材料留下来了。就像在圣诞大餐之后的一个星期里，全家人不得不吃剩下的冷火鸡，太阳系把这些残羹冷炙派上了好用场。有些较大的岩态天体被行星俘获，屈从于它们的引力意志，成为服服帖帖的卫星，而另外一些可能成为小行星，在太阳系里巨大环形轨道上绕行。在更远处，达不到冰态巨行星级别的冰态天体也可能作为彗星在行星际空间的广阔区域里游荡，或者成为由岩块和冰块组成的环的一分子，这个环环绕着太阳系，由各种碎块形成，称为柯伊伯带。

最不幸的剩余物质可能被流放到太阳引力影响所能达到的最遥远的地带，形成一个由冰态物体构成的很大但很弥漫的云，它称为奥尔特云。

烹煮出生命

通常一名厨师最后要做的事就是察看有没有小虫在他烹调的饭菜上落脚，但是在宇宙厨房里生命可能就是行星大菜上的巅峰：只有最精美的行星料理最适宜于生命，让生命愿意在它们上面繁衍（是的，从人类起源和发展学的观点来看这多少有些自命不凡）。

地球上的生命最初是怎样出现的，这是宇宙大谜团中最具争议和最含糊不清的问题之一。解释这个问题的最简便的方式可能是召集人类心目中的各路神灵，然后说在宇宙创世大循环的任何一天，"他"、"她"或"他们"轻轻地触动了一下他们的超自然的手指，于是从以太中召来了生命。不过，要是我们真的想走捷径，我们还不如把本书丢到垃圾箱里去，而且每一章都只用这句话取代："物质存在，因为'他'（或'她'，或'他们'）想要它们存在。"

所以，生命怎样从新形成的地球的混沌中默默经营并脱颖而出？简短的回答是：我们不知道；冗长的回答将要求整整一本书，这样我们还不如只做简略介绍，这多少令人失望。

太阳的末日……

大约 50 亿年以后，当太阳耗尽氢燃料之际，它将慢慢地膨胀，大到 259 倍，成为一颗红巨星。它将吞噬岩态内行星，而在 75 亿年之后，地球也将被烧成灰烬。

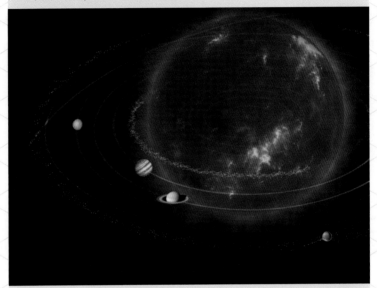

要说有点安慰的话，就是在地球被太阳吞没之前很久，生命已在地球上不能存在了。在后来的 10 亿年里，太阳将变得日益炽热和明亮。

不断增强的太阳辐射将使海洋蒸发，地球将成为一片烤焦的、荒芜的沙漠。最后，巨大的热量将使地球重新成为一个熔融的岩石球。

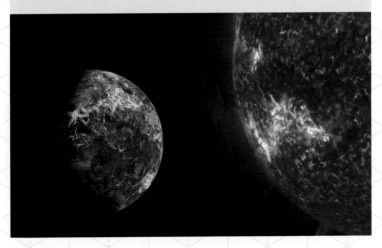

生命的材料来自恒星

生命的材料是怎样产生的并不神秘，它们的确与本书中的其他一切事物同样起源：大爆炸后产生的原始材料在恒星内部富集，并通过基本作用力的相互作用而结合起来。

你是不是还记得在原行星盘里形成的那些复杂的化合物：氧与氢化合形成水分子，铁与氧结合形成氧化铁？好啊，有了铁锈和水这类物质之后，化合反应并未停止，生命的配料也是在那个云里制造出来的。

如果你层层剖析生命直到最基本的成分，你将发现它是由诸如蛋白质、核酸等化学分子集结构成的。蛋白质由氨基酸构成，而氨基酸原来几乎完全都由氢、氧、碳和氮构成。这是四种最简单的元素，都在恒星里经过烹煮（除了不起反应的氦，它顽固地拒绝与任何物质化合）。核酸，其中包括 DNA（双螺旋化学编码结构，告诉细胞怎样工作）及其表兄弟 RNA，究其根蒂是由称为核苷酸一类酸构成的。每一个核苷酸由三种简单元素构成：以碳为"骨干"结合着氧和氢。与这种有甜味的碳水化合物的一部分键合在一起的是一类磷酸盐，它们正是一个磷原子与氧的化合物，与另一部分键合的是氮基，它是由氮、氧和氢构成的。

碳是仅次于氧由恒星烹煮而成的第二位最普遍的重元素，这是因为宇宙间所有恒星中的 95％ 都质量不大，不足以达到碳燃烧的阶段（导致许多未燃烧的碳在恒星死亡时释放出来）。此外，氧、碳之类是很活泼的元素，它们很容易与其他元素化合。碳还有一个优点，就是容易形成长链，其中碳原子相互连接形成一种化学脊椎，其他原子或原子链能够键合在上面，这为构成复杂的有机分子提供了化学上的基础。

天文学家应用分光术在恒星形成的星云里检测到了有机化合物（它们是生命构件的基础物质），它们含量丰富，四处散布。事实上，几百种作为生命基础的不同分子都已经在这些区域发现，看来氨基酸（蛋白质的基本成分）比较普遍。

所以，即使在行星开始形成之前，已经存在了构成生命所需的一切化学成分。其中有许多在行星形成过程中已经被清扫干净，并被结合进构成地球的尘埃和岩石中去，不过有决定意义的是它们并非都被行星收纳一空。其中有的留在太阳系行星构成后的剩余物质中，由彗星、流星体和小行星等冰冻的小天体携带着，在地球经过了它熔融的地狱阶段后很久，这些生命的原始材料，被存储到地球的海洋里去。

即使到了今天，每年还有几百吨有机物质通过彗星和小行星尘埃倾倒到地球上。在地球的早期历史中，这类撞击应该更加普遍，所以在几亿年左右，生命就在地球海洋中"喷发"出来，因为已经有几十亿吨构筑生命的材料卸落在海洋里了。

生命怎样从配料汤里出现，成为第一批单细胞的、可自我复制的有机体，这仍旧是一个谜，并经受着强劲而热烈的争辩。有一种最吸引人的简单观点认为生命出现在一些温暖的水塘里，那里有月球引力产生的潮汐作用。

加上水慢慢煨

在生命刚刚出现的那个时期，月球离地球比今天要近得多（从它形成以来一直在远离开去），所以潮汐的影响也要大得多，早期地球经受的潮汐可能比今天高 1000 倍，这就意味着潮汐能侵入到内陆的腹地。

再者，大约在 40 亿年以前，地球自转要快得多。一天只有约 6 小时长，这就意味着每 3 小时就有汹涌的洪水泛滥并退去。每当潮水涌来又退去之后，就留下了一个个含有有机分子的水塘。

但是，即使返回到那时候，海洋实在太大了，因此所有这些几十亿吨有机物被极度稀释，这就使得分子不能结合起来产生更复杂的物质变得极为可能。于是这些潮汐形成的水塘要登场唱起主角。

积聚在这些浅浅的水塘的水受太阳曝晒而蒸发。留下盐分、矿物质和有机化合物。幸亏潮汐频繁出现，每隔几小时水塘又注满了水，这些水还会蒸发掉。在多次的注满和随后的加热蒸发后，水塘里的水成了高度浓缩、温暖的化学汤。

由太阳辐射、光照和潮汐作用提供的能量会催化化学反应，生成更加复杂的有机化合物，例如脂肪酸（碳、氧和氢原子形成的长链）和蛋白质。这种原始汤会有一些被连着水塘的泥土和岩石中的微小裂隙过滤，那里排斥脂肪分子或类脂化合物（由脂肪酸构成）的水将会形成留住有机化合物的气泡，在这些充满脂肪的气泡，即脂肪细胞里，化学反应在继续进行，提供能量以产生新的分子，并促使分子长大和增加。可以说细胞在进行新陈代谢（用化学反应产生能量），长大并复制，这正是生命的基本性质。

化学反应持续时间更长，形成了更复杂的化合物，千头万绪都导向 DNA，终于有了更复杂的生命形式，如鱼、两栖类、爬行动物、哺乳动物。当然，还有你和我。

显然，这只是对这个还很少了解的过程所做的粗略而过分简单的描述，生命能够从一堆恒星的残余物质里自发产生；我写在这里是为了说明，这个思想并不是像它看起来那样的异想天开。

就这样我们已经做了这一切：我们从能量做成了粒子；我们编制了宇宙的组织并用它制造了星系和恒星；我们用这些恒星生产出化学元素；我们用这些元素构建了行星和居住其上的生命。我们的旅程快要结束了。

不过在我们放下工具，挂起水壶之前，让我们略花片刻思考我们将走向哪里——什么样的命运等待着我们的宇宙？

第 9 章　终结还是重生

在本章里我们将粗略地考虑宇宙黑暗的另一面，估量宇宙万物的结局，从宇宙切割出奇点并创造一个多元宇宙。

就这样我们正在注视着我们一直构建的神奇宇宙（当然要假定你把它做得正确，而且没有盯着茫无一物的虚空，在粗制滥造的时空巨洞里出神）。我们从一无所有中锻造出万物，这真是不可思议……随后来估量它的毁灭，这看来不好意思。不过我们必须去估量它，所以把我们的目光转向遥远的未来，并考虑宇宙的结局。

走到上面，一定会走下来

不久以前，天文学家认为他们已经非常肯定地知道了宇宙的命运。大约在 140 亿年之前宇宙在爆炸中产生，它包含的一切已经在大爆炸中抛向四面八方，正像炸弹爆发出来的弹片。

正像一次炸弹爆发，在起初能量快速暴胀的波动之后，接着来到的时期中，物质和能量在动量的驱动之下向外扩散，就像一只膨胀的球。

在大爆炸伴随着到处发生的小爆炸的同时，由于能量的初始爆发不断扩散，它到处散布并冷却下来。在紧接着大爆炸的时刻，宇宙温度达 1 亿亿亿亿摄氏度，但是，在经过 138 亿年的膨胀之后，宇宙今天的温度已是低于 -270.4℃的微温。

但是动量能够支配你也只限于这个程度，最终它一定会起不了作用。就在它还在起作用的时候，弹片慢下来，停止了，引力支配万事万物向原点掉落 —— 这是"走到上面，一定会走下来"的经典看法。

这是一个合乎逻辑的假设，即认为宇宙将会遵循这样一条途径演化，而且一旦大爆炸的初始动量消退，恒星和星系将停止互相分离，由于已经没有力量与引力抗

大爆炸　粒子形成　宇宙微波背景（CMB）黑暗时期（第一批暗物质结构）第一批恒星和活动星系

138.2 亿年之前　　　大爆炸之后 377 000 年　　　　　　　　2 亿年

衡，一切事物将"掉落"在一起，直到在遥远将来的某个时候，宇宙将回归到大爆炸初始的那一点而寿终正寝，这一点又叫作大挤压。甚至还有人推测，由于宇宙的所有物质和能量都返回到初始高密状态的那一点，它将再一次向外爆炸，以某种大反冲的形式创造一个新宇宙。

这看来很合乎逻辑、很简洁明了，宇宙将可能在大爆炸、大挤压和大反冲的无穷循环中永远重生，这种想法甚至还能给人一丝安慰。可惜，这也是完全错误的。

走到上面，永远向上

在20世纪90年代，天文学家不太关心宇宙遥远未来的命运，因为这并不能揭示任何特别新的内容，他们更愿意描绘今天的宇宙。在90年代末，有两个研究团队正投身于测量最远距离超新星位置的任务。

他们正在观测一种称为Ia型的特殊类型的超新星。这种超新星的爆发可追溯到一个双星系统，其中至少有一颗恒星是白矮星（太阳质量的恒星身后留下的致密核心的遗骸）。它的伴星可能已到达红巨星阶段，白矮星从它那里吸取恒星物质，不断这么做，获得许多质量，以至于变得很不稳定，并终于爆发。Ia型超新星有个优点，就是它们的光度是可预测的，这样就像造父变星早年被天文学家利用一样，它们也能用作量天尺来丈量宇宙。因此，它们又称为标准烛光。

这两个团队发现了50颗这类超新星，但是当他们测量它们的"可预测"亮度时，发现它们没有原来预测的那么明亮。它们并不在他们所预期的那个地方，它们

下转 200 页 ➡

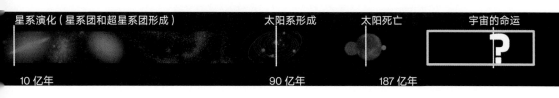

星系演化（星系团和超星系团形成）　　　　　　太阳系形成　　　太阳死亡　　　　　宇宙的命运

10 亿年　　　　　　　　　　　　　　　90 亿年　　　187 亿年

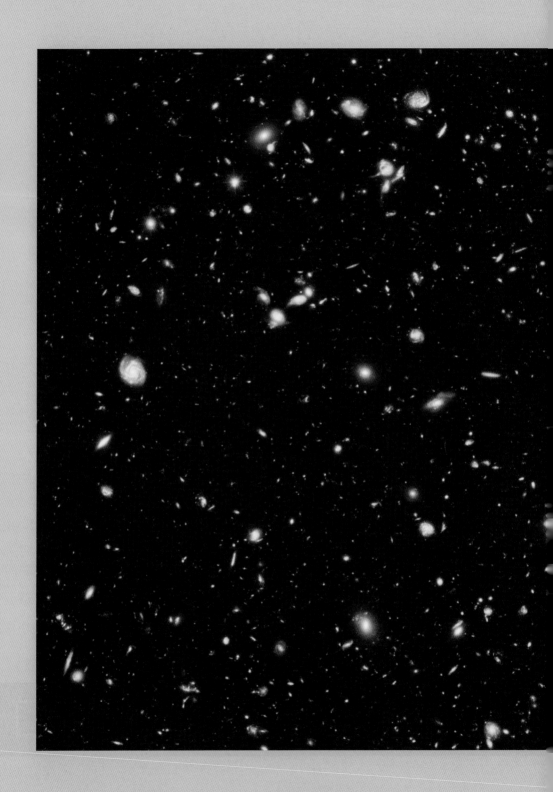

琳琅满目的星系

这是哈勃极深空场（XDF）。在这张照片上你看到的几乎每一个都是单个的星系（每一个都寓居着几亿颗恒星），可以看到超过 5500 个的星系。

如果你认为这一定是全天的某种景观，是对天空全景式的扫描，这也是情有可原的。

事实上，这是非常、非常小的一部分天空。

这张照片所覆盖的天空的大小相当于你在指尖上捏一颗沙粒，伸长手臂，沙粒遮挡的天空面积。

或者用天文学的术语来说，天空的这一部分大约是你在夜空看到的月球直径的十四分之一 …… 在天空的这么一个小之又小的斑点上竟充塞着那么多的材料。

在天空（相对于月球）这么大的一部分，包含所有这些星系

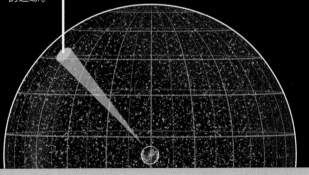

在哈勃 XDF 里所能见到的最远距离的星系已有 132 亿岁，正在可观测宇宙的边缘。

← 上接 197 页

远离我们的运动并没有变慢，或者换句话说，它们离我们太远了。这只能说明一个事实：并不是动量消退并慢了下来，而是宇宙膨胀正在加速。

作为范例的颠覆性结果于 1998 年面世，从此以后，进一步的测量不仅证实了宇宙膨胀正在加速，而且加速的速率也是加速的：看来宇宙不会终止于大挤压，而将继续膨胀，而且是以持续增加的速率在膨胀。

这一新认识如何令人震惊，怎么说都不过分。正是它颠覆了传统的观念，在它的脸上左右开弓地扇耳光，在它的屁股上猛踹一脚，打发它穿着粉红短裙，戴着潜水器的面罩，无地自容地滚回老家。设想你把一只球抛向天空，你本以为它的上升会慢下来，可是后来它并不像常识和物理定律告诉人们的那样下落到你的手中，而是再次向上运动，而且运动越来越快，一直加速到飞入太空，留下你满脸傻乎乎的表情，让你的大脑一片空白。你可能不会只有一点儿惊讶……现在把刚才那个场景里的"球"字置换为"整个宇宙"，你可能会更接近地感受天文学界的感觉怎样。

自然，一旦他们从震惊中复苏，他们必须解决是什么正在给膨胀提供能量。很显然，有某种我们看不到或不能直接探测的东西正在推动宇宙分离，而同时引力本来应该把宇宙的一切向后拉在一起：这种东西正在超越引力，成为宇宙中的主导力量。

就像上世纪 30 年代的暗物质那样，这种神秘的反引力的力被赋予一个正规的名称，以便人们称呼它。尽管天文学家还在细节上纠结，他们叫它暗能量。可是它究竟是什么呢？

挽回爱因斯坦的"最大失误"

当爱因斯坦应用他的广义相对论的方程去构建宇宙的时候，在他的计算中出现了某种意料之外的情况，计算表明引力会把星系往回拉在一起，于是宇宙就会收缩。但是，由于主流观点认为宇宙是静止又永恒的，这就困扰着爱因斯坦。于是他就在他的计算中加进了额外的一项，它在宇宙的尺度上与引力起反作用，保持一切事物处于常态和稳定。他把这一个数学上的微调叫作宇宙学常数。

但是后来埃德温·哈勃向宇宙学的鸽群里投进一只猫，揭示出宇宙远不是一成不变的，实际上正在膨胀。爱因斯坦十分懊恼，抛弃了他的宇宙学常数，宣称这是他的最大失误。事情的经过就是这样，宇宙学常数被遗忘了约 70 年。

后来，在 1998 年当暗能量的幽灵探出它的丑陋（但不可见）的头来时，天文学家意识到爱因斯坦的常数正是医生处方中抵抗引力的药丸。这样它就被掸去灰尘，恢复它原来被赋予的推开星系的作用：爱因斯坦早在 70 多年前，在任何人甚至怀疑需要它之前就已经预见到需要暗能量……可是他却把它抛弃了。

简单地说，暗能量是宇宙为保有"空虚的"空间而付出的代价。正如我们已经看到，空虚的空间从来不是真正空虚的，空间任何一个体积内都包含固有的能量。这在大爆炸之后起初几十亿年里一直保持着这样，因为宇宙拥有的"材料"多于它拥有的空虚空间，所以引力是占主导地位的力。但是随着时空组织的膨胀，"材料"之间的空间也在膨胀，从而暗能量的量也随之增加。

终于当宇宙约 70 至 80 亿岁时，有了那么多的空虚空间，以致天平向引力相反的方向倾斜。暗能量成为主导的力，而宇宙膨胀曾经慢下来要嘎然而止，现在开始重新获得动量，这次不是由大爆炸驱动，而是受其影响不断增长的暗能量。

宇宙的引力之锚已经提起，没有任何事物能让膨胀走回头路。更糟糕的是，暗能量一旦启动，它能产生恶性循环的效应，空虚空间孕育的暗能量越多，暗能量催生的空虚空间也越大，它又孕育更多的暗能量（如此循环往复）。一旦暗能量推动的膨胀一开始，宇宙注定要加速膨胀下去。

大冻结

随着时空的膨胀加速，深陷在时空中的恒星和星系将互相分离得越来越远。也许在 50 亿年之内，星系将与它们的邻居极快地分离，以至于它们之间空间的膨胀将超越它们的恒星发射的光线。

可观测宇宙有多大？

"可观测"宇宙是能从地球上看到的整个宇宙的那一部分。它只包含着那些天体，它们发出的光有充分的时间能完成到达地球的旅程。……那么它有多大呢？

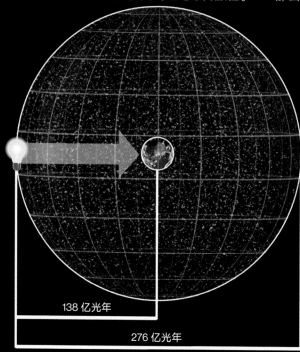

138 亿光年

276 亿光年

面对这个问题，看来它是一个简单的，甚至是空洞的问题。

宇宙已经有了 138 亿年的年龄，而且没有什么事物能够跑得比光更快。

所以我们能看见的大多数远距天体是它们的光线有足够时间到达我们这里的天体。

由此可以推断，"可观测宇宙"不可能在任何方向超过 138 亿光年，构成一个直径为 276 亿光年的球。

这看来是一个合乎逻辑的答案，但是，我们在本书中多次看到，宇宙并不是一个很合逻辑的场所，可观测宇宙实际上要远大得多……

扩张中的距离

1. 在 138 亿前一缕光离开一个天体开始其射向地球的行程（在光线行程起初的 90 亿年内地球尚不存在）。

2. 这缕光以光速经过 138 亿年到达地球。

3. 但是从这个天体发射这缕光以来，它一定会随着宇宙膨胀而一直远离我们。

4. 所以，就在这缕光到达地球的时候，尽管光已经穿行了 138 亿光年，而发射这缕光的天体现在已在 480 亿光年开外，这使得可观测宇宙的整个范围在直径上约 930（原文如此，系 960 之误 —— 译注）亿光年。

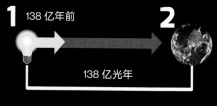

1 138 亿年前   **2**

138 亿光年

今天

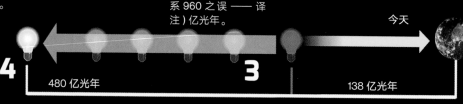

4   **3**

480 亿光年

138 亿光年

所以这缕光花了
138 亿年到达我们这
里，而发出这缕光的天
体就不再在 138 亿年之
外了。

由于宇宙膨胀，坐
落在宇宙时空表面上
的万物都随着四散分
离。在经过了 138 亿年
的膨胀之后，这个 138
亿光年之外发射这缕
光的天体，已经远行到
约 480 亿光年的距离
处。这就使得可观测宇
宙的整个范围在直径上
约 930（原文如此，系
960 之误 —— 译注）
亿光年。

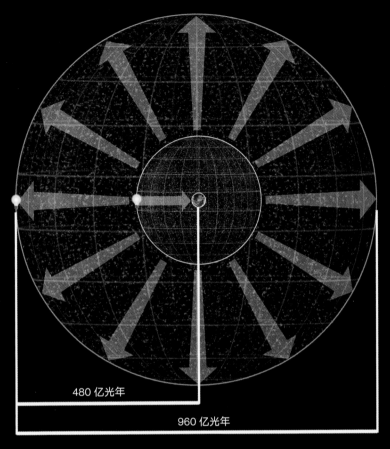

如果可观测宇宙缩
小到地球的尺度，那么
我们这颗蓝色行星将按
比例缩小到单个原子尺
度的约 1/180。

480 亿光年

960 亿光年

…… 宇宙的其余部分怎么样？

我们知道可观测宇宙只是整
个宇宙的很小一部分，但是想要
看清整个宇宙的尺度，可能已超
出人类心智的范围。

至于宇宙的其余部分，我们实在只能去
猜测它的大小。无论如何，你不能看到它，也
就不能测量它 …… 但是我们能确切地说的事
情就是，宇宙很大 …… 实在、实在很大。

警告：天文学的陈词滥调来了

可观测宇宙包含约 1000 亿个
星系，每个星系包含约 1000 亿颗
恒星，这意味着仅就宇宙的可观
测部分来说就包含了约 100 万亿
亿颗恒星。这么多的恒星比整个
地球上的沙粒还多。

引力克星：暗能量

在今天的宇宙里，全部能量分布的约 70% 是由暗能量构成的。暗能量具有反引力的性状，使宇宙的膨胀加速。

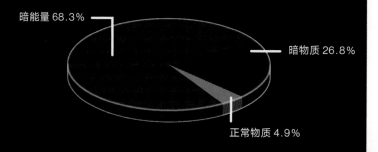

暗能量 68.3%

暗物质 26.8%

正常物质 4.9%

人们认为暗能量实质上是爱因斯坦的宇宙学常数，即一种反引力的能量。它随着时空膨胀从量子真空中自发产生，但是密度保持不变。

设想你在一片面包（时空）上面涂一层黄油（暗能量），当你拉伸这片面包时，黄油没有变得更薄，而同时保持着同样的厚度在伸展。你有了更多的黄油，但是它在一定面积上的密度没有改变。

暗能量怎样颠覆了数量大小

暗物质和正常物质分布在时空组织的"表面"，所以随着宇宙膨胀，它们扩散开来，变得稀薄。宇宙变得越来越大，但是正常物质的量保持不变。

然而暗能量均匀地分布在时空组织之内（既在空间又在时间之内），而且随着空间膨胀，暗能量的量值也随之增大。它的密度保持为常量，所以"空虚的"空间越大，暗能量也越多。

暗能量　　物质

1. 当宇宙还很小的时候，一切事物都密集地拥挤在一起，因而没有多余的"空虚空间"，也就没有那么多暗能量。

2. 但是随着宇宙膨胀，在物质包囊之间产生出更多的空虚空间。但是物质还是"超出"暗能量，所以引力仍旧是主宰"大尺度"的作用力。

3. 大爆炸之后约 70 亿年，在物质包囊之间有那么多的空虚空间开发出来，以至于暗能量开始"超出"物质的量。当这一情况出现时，暗能量反引力的效应就压倒了引力，使空间加速膨胀。

科学界的一致观点认为暗能量确实存在，而且它的密度保持常数，但是如果仔细品味几种不同的说法，不禁令人莞尔……

没有暗能量

引力使宇宙膨胀慢下来，然后使它倒转，终于导致它自我收缩，造成大挤压。

暗能量保持不变

暗能量占据上风，宇宙持续膨胀。暗能量在整体的百分比上增长着，但是密度保持不变，这导致宇宙膨胀稳定地增长。

物质慢慢地冷却，直到宇宙经历热寂，即大冷冻。

暗能量增加

暗能量占据上风，宇宙持续膨胀。但是它的密度并不保持常量，而在增加，这导致宇宙指数式膨胀。时空极快地膨胀，以至于连原子内部的空间也膨胀开来。物质在原子水平上撕裂开来，即大撕裂。

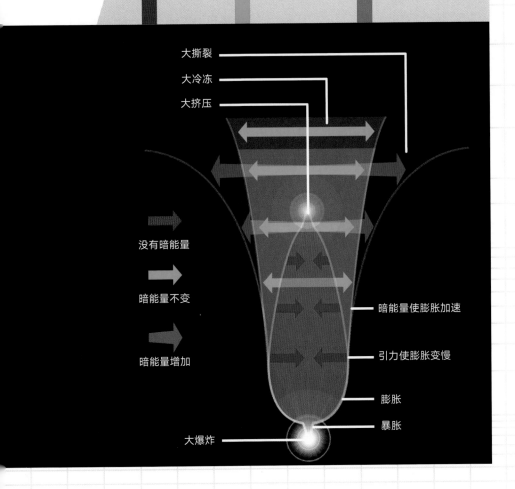

从地球的观点来看（假设我们还在这里），那些星系，它们曾经告诉我们那么多关于我们在宇宙中的地位，将从夜空中逐渐淡出，终于完全消失。任何未来的文明在研究天空时，将只看到一些恒星和被引力束缚在与银河系相同区域的一些星系：他们将认为（正如我们曾经认为的）我们的银河系就是整个宇宙。由于宇宙微波背景消失，又没有星系退行的证据，他们的结论将是：宇宙不变而且永恒。

当然，他们将大错特错。

随着宇宙膨胀，宇宙包含的能量将扩散开来，变得越来越稀薄，而空间将变得越来越冷（当然暗能量不是这样）。终于，经过几万亿年，甚至几十万亿年，温度将下降到绝对零度（-273.15℃）。

如果你还记得温度是原子运动的度量，那么当宇宙温度计下降到绝对零度（这是冷得不能再冷了）时，原子（和它们的亚原子组分）将停止运动，物质将达到热寂状态。

宇宙终于达到了最大熵（请回忆熵是物质系统从有序向无序退化程度的量度），宇宙将成为近于无限的黑暗恒星的荒芜原野和冷冻世界。终于，即使原子本身也将解体，在宇宙的历史上，它将首次真正成为空无一物。

在多元宇宙中取得安慰

对于我们人类来说，死亡通常是很忧伤的时候，我们为失去所爱的人而悲痛。想到我们的一部分活在我们的孩子们身上，或者我们曾经以种种不经意的方式影响过我们周围的人群和世界，我们常常以此寻求安慰。那么，关于宇宙的死亡我们又怎能安慰自己呢？显然，宇宙就是一切，而由于它的逝去，万物也将随着它逝去。没有事物再能存在，这就是终结。

但是，如果宇宙并不是像我们所想的那样是唯一的，那又怎么样呢？如果宇宙

拥抱暗能量

请你不要太过贬低暗能量，有些物理学家相信正是形式上像暗能量的反引力真空能造成了宇宙暴胀，即第一波的膨胀狂潮，这把大爆炸后宇宙的种子广泛地撒布开来，把宇宙送上了向今天演化的正道，这是值得考虑的。

只是存在的无限网络中的一个组成部分，无非是无限多元宇宙中的一个小角落，那又怎么样呢？

有一些物理学家认为，大爆炸远不是事情的开始，而只是我们这个特定的宇宙从一个母宇宙的娘胎里分娩而出的时刻，这是一个大得多的多元宇宙里的最近的产物。这看起来是反直觉的。

我们的宇宙只是无数其他宇宙之中的一个，这个思想看起来可能是（在最好的情况下）难以置信的，也可能是（在最坏的情况下）虚妄无稽的，但是请记住这一点：我们曾经以为我们的行星是唯一的；后来又认为我们的太阳系是唯一的；又后来设想我们的银河系是唯一的。是不是这种习惯性思维让我们想象我们的宇宙是唯一的，我们不正是这样认为的吗？

黑洞的孩子们

你是否还记得，在质量和能量无限致密的那一点上，我们所了解的物理定律都不存在，时间、空间和一切基本作用力都集中在一个原初原子，或称奇点之内，它包含着我们构建宇宙的一切事物？

是的，在我们构建宇宙的旅途上，我们曾经邂逅过很相似的某些事物 —— 一个密度无限大的天体，物理定律与它毫不相干，时空也与它分道扬镳，这是隐藏在黑洞中心的奇点。根据某个理论，我们的宇宙可能是从这样一个黑洞诞生的，而在我们宇宙之内的黑洞又正在创造它们各自的宇宙。

当我们构建我们的黑洞时，我们沿着从恒星出发的旅程，恒星的核坍缩，千方百计达到超大质量黑洞的地位。但是，看来很可能并不会停止在坍缩到"密度无限大一点"的阶段上,奇点会"反弹",而在时空组织上戳出一个洞来。就从这里一个新的时空团块开始膨胀,形成一次催生一个新宇宙的大爆炸。

新宇宙未必是其母宇宙的完美的克隆,物理定律在其内展现的方式可能有些许变化。引力有可能稍微强些,在这种情况下,恒星形成会太快,又质量过大,以至于类太阳的稳定恒星难以形成;或者引力有可能稍微弱些,在这种情况下,恒星根本就不可能形成。潜在的代代相传(即后续的宇宙形成过程)将是无穷无尽的。

导致泡状宇宙膨胀的真空

另一个多元宇宙理论来自宇宙暴胀的一个更奇异的分支:伪真空暴胀。这是宇宙暴胀论的创始人阿兰·古思教授设想出来的。在古思看来,我们的宇宙在诞生之初是一种伪真空,这是一种相当反直觉的真空,充塞着排斥性的、反引力的能量。伪真空对抗引力的排斥性(也就是推开一切事物的特性)如此强烈,竟然驱动了宇宙早期的暴胀。古思论证说,随着伪真空的膨胀,它衰变成能量,于是又创造出物质,构建出今天的宇宙。

伪真空的另一种奇异性是与气体膨胀充满空间不同,它的能量在膨胀过程中不至于"稀薄下来"。于是你得到了我们今天所见十分均匀平衡的宇宙。同时,根据这个暴胀模型,虽然宇宙从整体上看来很完美和均匀,但有密度或高或低的局部涟漪(正如在微波背景上所见)。在密度稍高的涟漪周围,物质将具有较大引力,恒星和星系就将形成。但是密度稍低的涟漪能导致其周围的空间收缩,成为一种新的伪真空,它将驱动一个新宇宙的暴胀。遵循这种方式,能形成一个无穷的宇宙链,形式为气泡套气泡又套气泡……

这些(和其他多元宇宙理论)为几十年来困扰宇宙学家的问题提供了一个解答:这就是,为什么我们的宇宙看起来制作得这么完美,适合于智能生命的出现?

每一种事物看起来都只存在于适当的部分,并只受适当的物理定律支配,以保证生命几乎不可阻挡的进化。

怎样构建多元宇宙

　　我们已经一起构建了一个辉煌灿烂的宇宙，它经过了精细的调节，适合于产生恒星、星系、行星甚至生命。但是这样"完美的"宇宙能够从一无所有中出现的契机是什么呢？

　　如果我们的宇宙仅仅是无限的多元宇宙中的一个，那又怎样呢？在具有无限可能性的多元宇宙里，出现一个"完美的"宇宙是不可避免的事。

黑洞的孩子们

　　有一种理论认为我们的宇宙产生于一个黑洞里面，而在我们宇宙里的黑洞又能制造它们自己的宇宙。

　　1. 这里有一个黑洞，与其他任何一个黑洞毫无二致。由于它的中心超高度地集中，比一个原子的尺度还小，我们叫它为奇点。

　　2. 根据标准理论，在奇点上空间和时间成为极度扭曲，以至于时间停滞……但是，如果它只是在我们的宇宙里停滞，那又怎么样呢？

　　有人认为在奇点最后的坍缩中，它会"反弹"，并在时空组织中戳出一个洞。

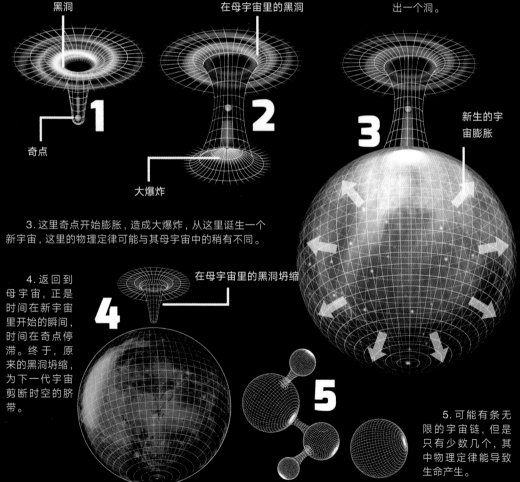

黑洞

奇点

在母宇宙里的黑洞

大爆炸

新生的宇宙膨胀

1

2

3

　　3. 这里奇点开始膨胀，造成大爆炸，从这里诞生一个新宇宙，这里的物理定律可能与其母宇宙中的稍有不同。

　　4. 返回到母宇宙，正是时间在新宇宙里开始的瞬间，时间在奇点停滞。终于，原来的黑洞坍缩，为下一代宇宙剪断时空的脐带。

在母宇宙里的黑洞坍缩

4

5

　　5. 可能有条无限的宇宙链，但是只有少数几个，其中物理定律能导致生命产生。

使一个泡状宇宙膨胀

这个过程与我们在本书里已经用过的两个概念密切相关，这就是宇宙暴胀和真空能。这是阿兰·古思的设想，他是提出宇宙暴胀概念的物理学家。

我们已经看到空虚的空间，即真空从来就不是真正空无所有的。量子泡沫里的起伏能显示物质和能量从一无所有中出现，暗能量就是虚空空间的产物。

我们也看到这样一种真空能是怎样的一种反引力，即排斥的作用力，它能推动时空膨胀。

只要我们把"物质和能量来自虚空"和这类"伪真空"的使"时空膨胀"的性质结合起来，我们就能构建一个多元宇宙。

1. 从一粒大小约十亿分之一质子的伪真空的种子出发。

2. 伪真空能在引力上是排斥的，所以它在其周围时空中膨胀出一个"气泡"。

3. 由于真空能不会随着时空膨胀而变稀薄，它的密度保持常数。所以每当宇宙种子的大小增大一倍，它的能量也增大（即膨胀中的能量也随之增大一倍）。

4. 能量衰变成为基本粒子（电子、夸克等）的翻腾的等离子体，它在空间膨胀时也保持密度不变。

5. 从此以后，宇宙就顺着正常的大爆炸模型的路径演化，基本粒子成为用于构建恒星和星系的复杂粒子。

6. 但是这里出现了两种情况：伪真空没有均匀地衰变，此外，伪真空若有任何"剩余"，则会四处冲撞（会在本书的两页之间吗？），这将形成新宇宙"气泡"的种子，伪真空的剩余将创造另一个宇宙，如此等等，以至无穷……

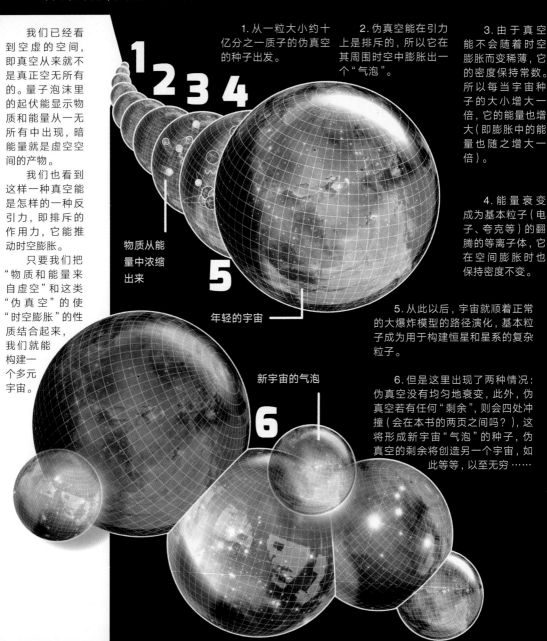

物质从能量中浓缩出来

年轻的宇宙

新宇宙的气泡

片状的多元宇宙面包

M 理论（弦理论的一个分支）认为我们的三维宇宙存在于一张膜上，它能比拟为一片面包。我们宇宙里的所有恒星和星系都在这一片上，但是与我们的面包片平行地存在成千上万个其他宇宙面包片，排列成一条巨大的宇宙面包，它们与我们的宇宙紧靠在一起，但是我们无法检测。

有人认为这可能是引力表观上微弱（与其他基本作用力比较）的原因。它可能扩散到整个宇宙大面包上去了，因而每一片只经受全部引力的一小部分。

我们在对待我们的行星时曾经也产生相同的问题。地球看起来孤零零的一个，似乎为生命的产生"设计"得很完美，对于一颗类型正适当的恒星，处于正适当的距离，又有正适当的大气和正适当的磁场，等等。当然，我们现在知道有无数颗其他恒星，那里没有完美的条件，并不存在生命。我们正是行星彩票场里的赢家。

多元宇宙将能以同样的方式解决我们的"完美"宇宙问题。正如地球赢得了行星彩票。我们的宇宙赢得了宇宙彩票。它看起来"完美"正是因为它内部的条件适合于我们进化并惊叹它的完美。然而，还有无数个其他宇宙，那里的条件就不合适了。

你可以把这种情况比拟为一次纸牌游戏。如果你只能从一副牌里抽取一张，那么要抽出你想要的那张牌的机会小之又小，但是如果你能把整副牌都翻上一遍，那就不可避免地找到这张牌。同样的道理也适用于多元宇宙，物理定律有无数多的变体，那么就不可避免地会有一个宇宙对于生命很是完美。

无论如何，要是说一个完美的宇宙是从一无所有中诞生的，那么多元宇宙是一个更容易理解的概念。而且，当必须凝视我们宇宙的终极死亡时，那也会很自然地想到它并不是孤独地死去，因为正在某个地方，在我们这张膜的外面可能有别的生命形式正试图回答这个问题：

"你怎样构建一个宇宙？"

结束

名词注释

反物质 正物质的镜像物质，它们的电性相反，但其他性质相同。例如，荷负电的电子的反粒子是荷正电的正电子。当一个粒子遇到它的反粒子时，一起湮灭，它们的全部质量转化为能量。

天文单位（AU） 天文学家应用的距离单位，等于地球与太阳之间的平均距离，约1亿4900万千米。

原子 来源于古希腊词 atomos，意为"不可分的"。原子是普通物质的基本单位，它由质子和中子组成的核以及外围环绕的电子云构成。

重子 由三个夸克构成的一种粒子。质子和中子是重子。天文学家用"重子物质"这个词指称构成恒星、行星和你我的物质，以便与暗物质相区分。

十亿（billion） 等于百万的1000倍（1 000 000 000）。旧的定义等于百万的百万倍，不在本书中应用。

黑矮星 已经冷却了的白矮星，它不再发射光和热。通常认为白矮星冷却的时间长于宇宙当前的年龄（138.2亿年），所以当前没有黑矮星存在。

黑洞 宇宙组织（时空）被有质量物体极度扭曲的空间区域，那里甚至连光线都不能摆脱引力而逃逸。大多数星系的中心都有一个超大质量黑洞（质量达数百万个太阳）。

蓝巨星 一种大质量的高温恒星，包含数倍于太阳的质量。

蓝移 一个向观测者运动的天体发出的辐射产生的谱线位移。由于波长受挤压，所以移向短波端，即电磁波谱的蓝色部分。

玻色子 玻色子是粒子间的"信使"，它们在基本作用力和物质间传递相互作用，有时又叫作"力的载体"。

造父变星 一种以一定的周期（以脉动的形式）改变亮度的恒星。脉动周期与恒星的光度直接相关，这就使得它们成为测量距离的有力工具。也被称为"标准烛光"。

CMB（宇宙微波背景） 来自大爆炸的"余辉"的辐射。CMB是由大爆炸后约38万年，正当复合时期发射的第一缕光构成的。当前它在整个天空呈现为很微弱的微波辐射。

宇宙暴胀 大爆炸学说的延伸理论，认为在大爆炸后不到1秒的时间内，宇宙经历了一次极短暂的指数式膨胀的时期。

暗能量 能量的一种假设形式，它渗透于全宇宙，占有宇宙全部质能组成的

68.3%。暗能量具有反引力的效应，人们认为它使宇宙的膨胀速率加速。

暗物质 物质的一种神秘形式，它只能通过引力与"正常"物质，即重子物质起相互作用。虽然它不能直接看到，它的存在和性质已被它对于可见物质和辐射的引力作用而显示出来。暗物质占有宇宙全部质能组成的 26.8%。

醉汉的步态 这个术语用来描绘一个光子在稠密的等离子体内的运动，例如存在于早期宇宙（复合时期之前）和恒星内的光子。在这样一种稠密和高能的环境里，光子连续地被其他粒子吸收和再辐射。

电磁作用力 基本作用力的一种。电磁作用力作用于任何一种荷电的基本粒子。它的力的载体是光子。

电磁辐射 能量作为电磁波在宇宙里传播的一种形式。可见光只是电磁波谱的一部分。整个电磁波谱从高能、短波长的 γ 射线开始，经过 X 射线、紫外线、可见光、红外线、微波直到低能、短（原文如此，系长字之误 —— 译注）波长的无线电波。电磁辐射通常被描绘成一种波，也能用光子流描述。

电子 一种荷负电的基本粒子，它环绕原子核运行。

基本粒子 这些粒子不同于重子或费米子，并非由更小的粒子构成，所以不能被再分。夸克和电子是基本粒子的两个例子。

熵 一个系统里无序的一种度量。它基本上表示一个能量的有组织系统固有的不稳定性，要通过成为无组织状态达到稳定。

费米子 这个名称指这类粒子，它们包含如夸克和轻子这种基本粒子，以及如重子（包含质子和中子）和介子这种复合粒子。

力的载体 在物质与基本作用力之间传递相互作用的粒子。光子和胶子是力的载体的两个例子。

基本作用力 在物体之间起作用的四种作用力（强作用力、弱作用力、电磁作用力和引力）。与这些作用力相关的粒子称为力的载体。

星系 由尘埃、气体和恒星组成的引力上束缚的系统。它们的尺度在几百至几十万光年之间，包含几亿至几千亿颗恒星。大多数星系被认为在中心包含一个超大质量黑洞。

胶子 强作用力的力的载体粒子（玻色子）。

引力 基本作用力中最微弱的力，但是能在天文尺度上起作用的唯一的力。按照阿尔伯特·爱因斯坦的广义相对论，引力是有质量物体使时空组织弯曲的结果。而按照牛顿物理学，引力是一个质量较小的物体接近一个质量较大的物体时感受到的"吸引"力。

强子 这个名称指称由两个或更多个夸

克构成的这类粒子。重子是由三个夸克构成的强子。介子是由两个夸克构成的强子。

轻子 包含电子和中微子的这类粒子。

光年 天文学家使用的距离单位，等于光线在一年里穿越的距离：94 亿千米。

质量 一个物体包含的物质和它能作用多少引力的度量。不可与重量相混淆，重量是引力作用在一个物体上的力。

介子 玻色子的一个亚类。是由两个夸克构成的粒子。

银河系 我们所在的星系。它包含 2000 亿颗恒星，直径达 10 万光年。

M 理论 弦理论的一个分支，认为空间由十一维构成，在我们所熟悉的三维空间和一维时间上附加七个空间维度。

多元宇宙 有人提出在我们的宇宙之外或平行于我们的宇宙（可能）存在无限多个宇宙。

星云 尘埃和气体的云。有好几类星云。例如行星状星云是死亡恒星抛出的尘埃灰烬云。分子云是气体相当稠密的星云，足以成为新恒星形成的产房。

中微子 作为核聚变反应的副产品而产生的一种低质量粒子。

中子 一种没有电荷的粒子，由三个夸克构成。与质子一起形成原子核。

中子星 死亡恒星的致密坍缩核心，几乎全部由中子构成，其中有的质量相当于太阳，但被压缩成大小如同一个大城市的球。

核聚变 也称为热核聚变，这是恒星产能的过程，在此期间两个或更多原子核受力聚合在一起产生单个更重的核。新核的质量略小于构成它的各个核的总和，所以"剩余"质量作为能量而释放。

核合成 在恒星的核心和超新星爆发过程中较轻元素通过热核聚变反应，聚合成较重的化学元素。

核 原子内部的核心，由质子和中子构成。包含了几乎全部原子质量。核被电子云环绕。

光子 光的粒子，电磁辐射的最小可能单位。光子是电磁作用力的载体。

普朗克长度 长度的最小可能单位（或份额）。

质子 一种荷正电的粒子，由三个夸克构成。与中子一起形成原子核。

脉冲星 一种快速自转的中子星，从两极辐射高能辐射。

夸克 一种基本粒子，所有重子例如原子和中子都由夸克构成。它们有 6 种类型，称为"上夸克""下夸克""奇夸克""粲夸克""顶夸克"和"底夸克"。

类星体 星系很明亮和活动的核心，由于超大质量黑洞吸取物质而提供能量。类星体的光度能超过其所在星系所有恒星的光度，达到几千亿太阳的光度。

红矮星　一种小的低温恒星。

红巨星　一种高龄恒星，它们已耗尽氢的给养，转而进行更重元素的聚变，因此加热恒星，使星体膨胀而表面降温（因此显示红色）。

红移　一个远离观测者运动的天体发出的辐射产生的谱线位移。由于波长被延伸，所以移向长波端，即电磁波谱的红色部分。

标准模型　物理学上描述基本作用力（包括引力）与物质的基本粒子相互作用的一种一元化理论。

稳恒态理论　一种与大爆炸学说意见相左现已偃旗息鼓的理论，认为宇宙处于永恒的、稳定的膨胀状态，既没有开端也没有终结。

恒星的产房　恒星能够产生并成长的气体稠密区域。

强核作用力　最强的基本作用力，但作用距离最短。质子和中子通过强核作用力结合在一起。其力的载体是胶子。

超大质量　这个术语用于描绘一个天体（通常是一个黑洞）具有几百万倍太阳质量。

超新星　一颗恒星爆发式地死亡。有两种主要类型的超新星：I 型和 II 型。I 型是因诸如白矮星这类恒星遗骸的剧烈坍缩而引起，点燃雪崩式的热核反应并爆发。II 型是因大质量恒星核心的坍缩而引起，发出高能冲击波，把恒星物质抛向太空。

测不准原理　这个原理由维尔纳·海森堡提出，认为你永远不可能知道一个粒子确切的位置和运动。你若对其中一个量知道得越精确，那么另一个量就越不精确。

波长　一个波的两个峰端之间的距离。

弱核作用力　次弱的基本作用力。它的作用是引起放射性核衰变，其力的载体是 W 和 Z 粒子。在所有基本作用力中，它的作用距离最短。

白矮星　一颗恒星的致密、低温的遗骸，这颗恒星的质量不够大，不足以点燃碳核聚变的后续反应。大多数恒星，包括太阳，在死亡后都将成为一颗白矮星。

索引

●●

致谢

···

　　我要感谢（排序无关宏旨）：我的双亲，阿兰和保琳娜，感谢他们生养了我，并向我灌输了要终生热爱学习的思想；我的妻子，夏洛特，感谢她的耐心、支持和无私的爱；我的女儿，贾斯敏娜，感谢她让我成熟（但并不太多）；简尼·坎贝尔，感谢他给了我《插图编辑指南》中他自己关于科学的那一页，不过没有采用；戴夫·蒙克，感谢他指出了书中所有错误；黑泽·麦克雷，感谢她不知疲倦的热情和支持。